建筑是活着的历史

刘丽华 著

内蒙古文化出版社

图书在版编目（CIP）数据

建筑是活着的历史 / 刘丽华著 . —呼伦贝尔：内蒙古文化出版社，2016.11

ISBN 978-7-5521-1190-3

Ⅰ . ①建… Ⅱ . ①刘… Ⅲ . ①建筑史—哈尔滨
Ⅳ . ① TU-092

中国版本图书馆 CIP 数据核字（2016）第 285675 号

建筑是活着的历史

刘丽华 著

总 策 划 丁永才 崔付建
责任编辑 姜继飞
出版发行 内 蒙 古 文 化 出 版 社
（呼伦贝尔市海拉尔区河东新春街 4 付 3 号）
印刷装订 三河市华东印刷有限公司
开 本 650 毫米 ×940 毫米 1/16
印 张 14.75 字 数 200 千
版 次 2016 年 11 月第 1 版
印 次 2022 年1月第 2 次印刷
书 号 ISBN 978-7-5521-1190-3
定 价 28.90 元

没有生命便没有艺术。一块石头的快乐或悲哀，与我们有什么相干呢？在我们的艺术中，生命的幻象是由于好的塑造和运动得到的。这两种特点，就像是一切好作品的血液和呼吸。

——〔法〕奥古斯特·罗丹

她的文字使老建筑复活

高维生

案头摆着一摞打印的书稿，这是刘丽华的文化散文集《建筑是活着的历史》。她不是锋芒毕露的人，这与她游走刀锋上诗性的文字背反。阅读打开视野，凯尔泰斯·伊姆莱、奥古斯特·罗丹、加斯东·巴什拉、乌纳穆诺等名家，修炼她的精神——拒绝媚俗的写作，挤出语言中的水分，切出水肿的病灶。观察每一处建筑的细节，用自己的情感，清洗积落的尘埃，打捞历史的碎片。作家的写作不是集体情绪，它是心灵的呈现。

近两年开始，刘丽华的文风发生变异，急风暴雨的降临，涤清过去的小情调的情趣写作。闯进历史的写作中，让自己的精神撞向老建筑，发出青铜般的回声。她的内倾态度，决定创作的目标和方向。这部作品以中东铁路修建之初为背景，以建城为载体，为我们讲述了哈尔滨百年老建筑的历史、文化，以及相关的人与事，追寻一段久远的记忆。

萧红既是刘丽华的文学前辈，也是她的呼兰同乡。呼兰河水养育刘丽华的生命，萧红的作品滋养她的精神。多少年后，她怀着敬畏之情，来到萧红遭受磨难的东兴顺旅馆，写出内心的情感："萧红短暂的一生，迸发出的不仅仅是火花，而是一团跳动的火焰。仿佛于文学的天空下，被玫瑰染红的耀眼旗帜，引领我们一路前行。"这团垂直的火中，燃烧出激情的焰，它是声音的召唤。

文学最讲真实，有了它才能呈现出活力，激活所有的思想分子，在文字中发生裂变。这个"真"不是复制生活，记录琐碎的小事情，呓语似的发出叫喊。将自己包装起来，收敛所有的表情，改装成一副僵硬的面孔，做出大师的沉思状。贫血的声音，勾兑出的"沧桑"，盛在粗俗的大碗中，一边品尝，一边不断为自己的杰作叫好，俨然创作传世的大作。文学如果玩雕虫小技，丧失思想的内核，灵魂被废气吹起，写出的作品，一定是假、大、空的伪劣之作。

一个写作者，必须站在大地上，将自己的血脉接通大地，宛如希腊神话中的安泰，获得无穷的力量。文学的野地资源丰富，写作者背上思索的行囊，开始艰难的跋涉。

文学来不得半点虚假，否则要遭受报复。文学是一块圣地，拒绝污泥浊水的渗透，抵抗扑来的"病毒"，构筑起隔离区。在这个浮躁的时代，铺天盖地的信息，冲击人们的神经，要有战士般的勇气，坚守自己的阵地。

孤独对于人是难以忍耐的。滥竽充数地混在人群，模仿别人的动作，即使声音跑调，也会融合在众人的音调中。所以写作者，需要坚强的精神，学会孤独，忍受孤独，与孤独在一起，人变得一天天强大。使自己的信念，盘根错节，扎在文学的大地上。

欧内斯特·海明威说："各种各样的作家组织固然可以减轻作家的孤独，但我怀疑它们未必能促进作家的创作。一个在众人簇拥之中成长起来的作家，固然可以摆脱他的孤寂之感，但他的作品往往就会流于平庸。而一个在孤寂中独自工作的作家，假如他确实超群出众，就必须每天面对永恒，或面对缺少永恒的状况。”海明威所说的孤独，是高贵的品质，不是自吹自捧的傲气，不是空话大话催生出来的。写作者在孤独中，激发起的创作欲，带着独特、与众不同的文风。

一个人拒绝各种诱惑，坐住冷板凳，披览资料，忍受寂寞地写作，实在不是一件易事。况且青灯黄卷的日子，不是临阵磨枪的短暂，它是马拉松似的漫长奔走。口号喊起来痛快，付诸行动就是另一回事儿。

作家不是职称，权力、地位的象征，它和劳动者一样，面对白纸孤独地工作。作家丧失勤奋的创造力，不可能构筑自己艺术的天堂。

一个七〇后，没有沉醉在风花雪月，自恋的矫情，实勘旧址，独自行走过去的人事中。与每一座老建筑相见，享受发现中激动的快乐，这与作家的年龄和性别有一定的距离。这种寂寞阻断世俗的情感，开拓自己的精神圣地。建筑不仅有历史价值，还具有原真性，是活着的博物馆。了解一座城市，不是它的人口有多少，汽车数量多么庞大，而是从一个个历经风雨沧桑的建筑开始，感受凝固历史的气息。

建筑不仅是人类栖居的地方，它也是一个时代的写真。每一扇窗口流出的灯光，每一个门进出的人，都使建筑有了不一般的意义。建筑的外形，割裂空间，它与街道的搭配，形成独特的语言。

打开攀爬时间痕迹的大门，拨开积落的灰尘，当作家刘丽华向深处探望，感受到前尘往事的奔来。

老建筑的兴衰是一部悲壮的大戏，它是真实的历史，记下时代的影像。建筑的秘密，激起作家寻根究底的冲动，对这些遗留下来的建筑产生兴趣。海德格尔说：“我们试图对栖居和筑造作出思考。

我们这种关于筑造的思考并不自以为要发明建筑观念，甚或给建筑活动制定规则。我们这种思想尝试根本不是从建筑艺术和技术方面来描述筑造的，而是要把筑造纳入一切存在之物所属的那个领域中，以此来追踪筑造。”海德格尔提出诗意地栖居，这个词看上去充满浪漫色彩，其实隐含深刻的哲学思考。作家的写作，不会是临摹的叙述，记下每一块砖，每一扇窗子，每一条青石路，写作是精神品质所决定的。

作者与一些人的写作不同，在历史面前徜徉，她的讲述不是注释，是沉重的思考。从感中淌出的情汁，凝固在老建筑上，开出别样的花朵。

走在中央大街上，看着一块块铺展的青石，作者触摸建筑，拂去蒙在上面的灰尘，感受体温和呼吸，捕捉到沧桑的声音。她写道：“方石不语世事，却是富有灵性的，它于百年的风雨动荡中成长起来，是自然赋予它神奇的力量与生命的气息。它冲破世俗的庸腐，用强大的灵魂点燃体内蓄积已久的火种，牵动着那些色彩斑斓的光线涌向这条百年老街。每一次激情的燃烧，不仅仅是为了寻求完美，更是自身价值的体现。”一块生于山野的石头，经过匠人的打磨，有了不一般的意义。

写作不可能是简单的修复，它是寻踪觅迹的艰难。在二十一世纪的阳光下，与一座座建筑对视，这是一次漫长的对话。

建筑就是设计师的一个梦，他在图纸上画出第一条线，写下符号，他不仅是接受一项重要工作，而是孕育出生命。

面对历史我们不是法官，作出最后的盖棺定论。作家是侦探，他要发现每个疑点，寻找一条线索。同在一个位置观察老建筑，每个人观看的角度不同，玩味和思索，感受的结果自然不一样。一座年代久远的建筑，不能以简单的“老”字概括。它保持旧时的风格，不会因为时间，更改自己的个性。即使一些破损的地方，重新被人修补，这只是伤后的疤痕，多一份沧桑。老建筑的命运不一样，有的挣扎存在下来，破败如枯草般地在繁闹的街头。它以贵族的风度，抵抗这个消费时代，旧与新在阳光下碰撞，直到最后毁灭。老建筑失去昔日的华丽，色调黯淡下来，它透出悲剧的力量。

刘丽华不是一个闲散的人，拿一座老建筑作味精，调剂一下单调的生活。她搬动历史的石头，让它露出真实的面貌。本雅明指出：“相反，它正是通过遗忘延伸到现代，需要比一般人更为深邃的经验，才能发现它。”过去的许多事情，被淤积的尘埃湮没掉，只有老建筑是不死的见证人。老建筑不是任何人都能读懂的，它处于孤立状态。过往的人只是无意识地瞭望几眼，或者驻足围观，欣赏它的古老，少有人思索它丰富的内涵，更不知道它背后的人与事。人与老建筑的交流阻断，这不仅是时间的作用，而是人们的心态发生变化，更多地关注流行和娱乐的问题。

老建筑坐落在繁闹的街头，它是城市的肖像，浓缩出个人的历史，反映了一个大时代的影子。我们面对一座建筑，心中充满敬仰。这种情感不囿于它的老，从名字寻找它的血脉，每个建筑，在时间中书写厚重、坎坷的故事。走近每一段情节，回味一处处细节。

作者不限于档案资料，截取一段小事情，蘸上情感的作料，打上时髦的标签。她是一个冒险者，将地方志、口述史、田野调查融为一体，创作出属于自己个性的文本。

老建筑的节奏与时代不相符，它带着过去的沉思，抵抗流淌的时间，残缺的部分是绝望的叹息。

建筑是一个时代的分子，它与个人史紧密相连，形成宏大的历史。

二〇一六年三月二十日于抱书斋

目录 Contents

第三卷　还原本真

第四卷　触摸历史

第一卷　记忆回想

公元一八九五年四月十七日上午，李鸿章在下关市的春帆楼，用他颤抖的遍布老年斑的手，签下历史上有名的《马关条约》，日方代表正是内阁总理大臣伊藤博文。《马关条约》又称《下关条约》《春帆楼条约》，即割让台湾及澎湖列岛、辽东半岛给日本，并赔付白银两亿两。

沉睡于历史中的大教堂

公元一八九五年四月十七日上午，李鸿章在下关市的春帆楼，用他颤抖的遍布老年斑的手，签下历史上有名的《马关条约》，日方代表正是内阁总理大臣伊藤博文。《马关条约》又称《下关条约》《春帆楼条约》，即割让台湾及澎湖列岛、辽东半岛给日本，并赔付白银两亿两。那支签名的笔，带着李鸿章的体温改变历史进程。随着时间的流逝，这种温度冷却，凝固在历史中。当一切已成定局，尘埃落定之际，李鸿章他老人家，断然不会料到，新的历史篇章由此拉开序幕。

行走于历史与现实的罅隙间，当陈旧的影像一次次掠过脑际，在历史的回音壁中，产生碰撞之际，思维的感知呈现出理性的表达。对它曾经的误读，仿佛植入骨髓的病态因子，绽放出枝繁叶茂的罂粟花，再于某个特定时段，喷薄出毒辣的汁液。

我无法想象，过去与现实的凝聚点，将会在哪一处发生交织。只能于感知的领域内，打开意象空间，允许游离的思绪，在有限的向度里汇合。去试图打开通往历史的隧道，让它消逝的脚步，沿着这条路径攀缘而来，还原一段真实的曾经。

《马关条约》签订之时，辽东半岛还是相对较落后的地方，这

一九三二年的中东铁路管理局

一九三八年的哈尔滨铁路局

里的百姓多以渔牧为业，以维持生计。尤其东北地区，一些散落的村落零星分布，恰似扎根泥泞与沼泽的绿色植被，世代繁衍，生生不息。

沙俄打着帮扶大清的幌子，在多次谈判后签订《中俄密约》，从而达到借地筑路的目的，由此扩张入侵中国的野心。此刻的中国，如同脱离水域的河豚，处于前方拒虎、后方引狼的困窘之境。

中东铁路，即中国东方铁路的简称，系沙俄西伯利亚铁路在中国的一段。以哈尔滨为中心，西至满洲里，东至绥芬河，南延伸至大连，全长总计两千四百多公里。它如同一枚硕大的丁字，深入东北腹地，增强沙俄对外侵略的实力和野心。

与其说中东铁路是导致哈尔滨迅速崛起的历史机遇，倒不如说它的建成，兼着某种因与果的双重身份。而哈尔滨作为中东铁路的枢纽，它的迅速发展，的确让这片土地发生天翻地覆的变化。

一八九八年初，沙俄在经过长达半年之久的实地勘察，选定以哈尔滨为筑路中心，并以田家烧锅为办公地点，开始筑路工作。据史料记载，田家烧锅是一田姓人家，在香坊一带建起的烧锅，曾经兴盛一时，后遭遇土匪入侵，被烧杀抢掠、洗劫一空。沙俄勘探队一行，正是看中田家烧锅那些尚存的房屋，共计三十二间，经过修葺，便可使用。

此时的田家烧锅，不仅成为历史转折的切入点，更是印证哈尔滨成长史的起点。因此，一八九八年六月九日，既是中东铁路的开工日，又是哈尔滨的建城日。哈尔滨犹如一株破土的幼芽，于风雨中逐渐成长起来。

为了吸引更多俄民的到来，沙俄在筑路的同时，加紧建城的步伐。似乎在一夜之间，哈尔滨由香坊地带开始，逐渐涌现出一座座俄式教堂、学校、商店等等。古罗马、古希腊、拜占庭、哥特式等风格建筑相继拔地而起。哈尔滨如同矗立江堤上、强劲有力的生命体，已初见现代化城市的雏形。尤其古典建筑风格及外域文化的引入，为这片相对落后的土地，平添多样化元素。

就在香坊和江沿一带大兴土木、风生水起之际，南岗还过着渔歌晚唱、牧场田园般的生活。当时的南岗原本因为只有秦姓人家，所以称为秦家岗，那里多是种植玉米、谷子和高粱的大片田地。偶有一两个商贩穿越田埂之间，他们高扬的喉咙，被这里的田园气息所淹没。一株株、一排排庄稼以及树林挤挤挨挨，构建成大片的绿色丛。由高空俯瞰，宛如大块的绿色锦缎，嵌于白山黑水之间，聆听命运叩痛历史的回响。

南岗作为整座城区的制高点，很快被沙俄列入修筑的范围，计划在此建筑中东铁路局的管理机构。首先由中心点出发，也就是老百姓所说的“龙脊”，沿经东西以射线状，分为东大直街与西大直街两条街道。接着又以发散型网状，分设夹树街、瓦街及教化街等街道。所有街道无论长短，皆具有伸缩性，即由原点延伸至终点，又由终点返回至原点。整个构建形式，如同一组平面几何中线与点的组成，由中心点引申出来的无数条射线所构建的图形。布局井然有序、收放自如，呈现出散而不乱的艺术效果。

随着俄民的不断涌入，作为俄国国教的东正教，被引入这座新建的城市，并大面积传播开来。各式教堂以不同风格相继落成，大小几十座之多，俗称喇嘛台的圣·尼古拉教堂，可谓众多教堂中的精品。

圣·尼古拉教堂俗称喇嘛台，又称中央寺院，位于南岗区的制高点，即现今的博物馆中心广场位置。当时的俄民有个不成文的习俗：哪里有俄国人，哪里就有东正教堂。圣·尼古拉教堂便是在这种情形下构筑而成的。仿佛异域世界里俄民的思维存储器中，只有一座座教堂才能承载其身处异乡的孤独感与使命感。

当时沙俄对教堂的修筑极其重视。为求满意的设计方案，在圣彼得堡公开举行大赛，最终选定俄国著名建筑师鲍达雷夫斯基的作品。并经沙皇尼古拉二世批准，而且共建两座教堂，以其名字命名的圣·尼古拉教堂建于哈尔滨，另一座建在莫斯科。两座教堂如同身处两国境内的姊妹遥遥相望，隔空相依。

圣·尼古拉教堂，一八九九年十月十三日举行奠基仪式，次年春天破土动工。几经停工再建，最终于一九〇〇年正式建成。

整个修筑进程中，著名工程师雷特维夫亲自主持，并由著名画家古尔希奇文克来完成圣母像以及大量壁画的绘画工作。教堂内部所有圣物和大钟，全部由莫斯科运来，成本极高，耗资巨大。这座建于哈尔滨制高点上的大教堂，犹如长途跋涉、根植异域的新生艺术，以高贵典雅的风姿，呈现出人性化的真实存在。

由于大教堂地处城市的显著位置，作为通透的高地，它的修筑有着相当严格的要求。对建筑体来说，不同的光线折射下，所产生的视觉效果会有所不同。同时，随着光感效应的作用，其躯体所投下的阴影，呈现出不同的气势。因而建筑整体采用八角形布局，平面简洁合理，主次入口分明，凸显大教堂的精美之处。

法国大雕塑家奥古斯特·罗丹，在他的《罗丹艺术论》中，对建筑与艺术的关系，以及建筑于光线的折射下所投放的阴影，都给予深刻的诠释。此刻，透过历史因子的组图，力透纸背的文字效应，二者的结合更加证实这一观点的实质意义。

建筑整体南北朝向，采用古希腊十字形构筑。主体部分层次有序、简洁灵动，帐篷顶平行分布，尽显大方简朴之势。在光影的流动下，整座教堂呈现出灰白色调子，恰似阴暗的天空下，一幅黑白相间的水墨画，嵌在镀着金边的木质框架中。

不规则的六角形尖顶被帐篷托起，顶端的十字架绽放出金色的光芒。既是信仰的彰显，又是神性的象征。宛若某种思维属性，扎根石块的坚实中，给人以根深蒂固、积极向上的推力作用。

二十世纪二十年代明信片中的圣·尼古拉教堂

一九三二年五月十一日，圣·尼古拉教堂

一九三八年九月二十四日，圣·尼古拉教堂

圣·尼古拉教堂旧影

日本画家大德野隆绘制的圣·尼古拉教堂

二十世纪二十年代日本艺术明信片中的圣·尼古拉教堂

三个大小不一的球状体，依附六角形尖顶之侧。其表面凹凸相间，呈现出不同层次的立体效应。一些固化的坚韧擎起强大的躯体，思绪游离躯壳之外，使建筑师们超乎寻常的想象思维，得以深层次表达。

圣·尼古拉教堂一律由圆木垒砌而成，展现立式结构的墙面，于阳光下折射出非凡的艺术效果。而且坚实与灵动并存，尽显俄罗斯民间建筑之魅力。穿透岁月的风云，我似乎看到它们平行阵列、相附相依的豪壮场面。每一根圆木大小等同，通过侧面效果图，可以想象得到它们排列、搭建组合的真实场景。彼此之间既相互支撑，又相互配合，犹如骨肉相偎的躯体器官，暴露在彩色的光线之下，通体上下流露出大气豪放的气势。

这些灵动的艺术效果展现给我们的，不仅仅是一座建筑的画面，更是建筑师们想象思维得以施展的完美表达。法国哲学家加斯东·巴什拉，力图将理性与经验进行调和，从而建立起新的思想理论。他通过分析思维与梦想的关系，揭示创造行为的奥秘存在。

由此我们不难想象，建筑师们的思维表达，从某种程度上来说，是自身思想与建筑空间的融通与深入。当想象的思维与空间因子发生碰撞之际，其精神的存在便成为媒介，从而通过建筑体得以发挥作用。

建筑的实质，是一种精神存在的表述，或思维所产生的立体效应。

二〇一五年四月的那个午后，韩晟老先生为我讲述他对大教堂的记忆。老人三岁随同家人来哈，今年七十岁，他花白的头发沐浴微风中，目光透着和善与坚韧。老人生活的士课街，因为圣·阿列克谢耶夫教堂而闻名。士课街离中心广场的喇嘛台并不算远，老人经常徒步由士课街，走到中心广场。往返这条路段之间，是他童年生活的必修课。

当历史的经脉植入建筑体内，所展现出来的艺术构造，已不仅表现在建筑本身，而是与城市、与民众息息相关的理性效应。圣·尼古拉教堂作为哈尔滨制高点的标志性建筑，它的存在对哈尔滨的发展与民众的生活，都起到一定的积极作用。

据老人回忆，圣·尼古拉教堂建成以后，中心广场周围相继建起莫斯科商场、秋林商行、中山商场及哈尔滨旅馆等建筑物，共同围成一个广场空间存在，并将大教堂纳入中心位置。西面与莫斯科商场遥相依偎，东面与秋林商行相呼应，南面则与哈尔滨火车站相望一公里的距离。大教堂所呈现出的整体效果，在周围林立的建筑群中，演绎出与众不同的迷人风采。

当时的大教堂矗立在蓊郁的树林之中，四周围以栏杆，整体结构坚实无比，在林立的建筑群中散发出独特的气质。每隔一段距离，栏杆与栏杆之间设有石墩，石墩呈长方体状，顶端向四周凸出，附带许多小建筑体。远观如同错落有序的生物体，于游动的光线下，影映出起伏相间的活力；近看犹如土壤上生长的器官，在风雨中绽放出茁壮的气势。圣·尼古拉教堂在特有的历史背景及浓郁的西方文化烘托下，成为哈尔滨别致的城市景观。

人们喜欢在大教堂周围逗留，有的散步，有的三五成群地坐在空地上聊天。还有的点燃烟斗立于大教堂身侧，凝望这份充满异域色彩的宁静。

在黄昏光线的映射下，大教堂宛若披着薄纱的少女，柔与秀并肩、刚与劲并存。她迷人的风姿，与通体上下散发出来的独特气质，如同定格历史的雕塑，昭示出神圣的光辉与艺术造型的完美组合。

虽然大教堂所处位置四通八达，但周围并不复杂。老人年少时经常同伙伴们在广场附近玩耍，弹玻璃球、画石道或围着广场跑。大教堂错落有序的形体，和与众不同的外形结构，已然纳入他的思想意识范畴，为他童年的画板，着上浓重的一笔。

老人喜爱充满神性光辉的大教堂，尤其那折射出金属光泽的锋利顶尖，总给人庄严肃穆的感觉。遗憾的是他从未走进去过，而大教堂却在一个炎热的午后，被红卫兵拆除。当时老人还小，但听说大教堂要被拆除，还是装着满腹忧伤匆匆赶来。

讲到这里，老人用颤抖的手指，抽出一支烟点燃。穿越交相环绕的烟雾，顺着老人手指的方向，我似乎看到历史的时位点上，那个环状区域里，所发生的一幕幕场景。

那是一群哈尔滨工业大学和哈尔滨工程大学的学生，他们都是二十岁左右的年纪，臂上系着红袖标，目光中透着愤然之情。由于圣·尼古拉教堂主体结构相当坚实，他们在采取爆破手段无果的情况下，实施强制措施。即让许多人攀附大教堂的躯体上，包括顶尖上的十字架未能幸免，绳子、锁链遍布周身，如同探入其躯干及四肢的刀刃，于激烈的光影下，折射出叩痛人心的场面。

八月的天空布满酷热，悲壮笼罩在大教堂豪迈的身躯上。裹着热浪的北风发出灰色的尖叫，圣·尼古拉教堂在演绎完最后的凄美之后，轰然倒地。那些遍插躯体上的旗帜，与长短不一的条幅，在北风的呼啸下，发出呜呜的悲鸣，仿佛流露出痛苦的惋惜之情。

历史定格这一天，一九六六年八月二十三日，圣·尼古拉教堂被当作“四旧”拆除。其美丽的倩影宛若风尘中一抹跳动的光环，随同历史深埋地下。透过理念的感知，只有从黑白相间、嵌有金属光泽的框架中，寻找它昔日的辉煌。

每一座建筑都是一部历史，历史与历史之间，却深藏着陌生感。圣·尼古拉教堂被埋入尘世的风云中，它所创造的影响已然成为一部珍奇的典藏，归于人类生命的档案中。

又是一个午后，我再次踏上这片历尽沧桑的土地。于穿梭往复的人群中，寻找那个讲述历史的人，然而终是未果。或许有些人如这建筑一般，终将消逝在记忆中。

红博广场上，环状的转盘道与那个金属体的圆球，在阳光的照射下，依然绽放出耀眼的光芒。作为圣·尼古拉教堂遗址，每一次踏上的点位，我都在渴望历史与现实的交汇，哪怕点与点的撞击也好。然而大直街宛若一条巨龙，穿插而过，哈尔滨犹如松花江畔的明珠，不时迸发出崛起的讯息。显然，时代的进步与发展，已经淹没掉历史的呼声；岁月的风烟，将那一抹痛惜深藏时光之后。

近年来，对于圣·尼古拉教堂的复建呼声极高，支持与反对相互对立。但由感性的理念出发，我描摹不出大教堂的模样，更无法理清复建的思绪。旧时的影像已随同历史，沉睡半个世纪之久。这对于社会来说，除了影像的再现，却做不到真实的还原。对于人类的影响到底有多大，实在无法揣测。

历史将与现实交汇，但历史终究还是历史。那些曾经凝聚的交点，总是在时光中发生错落，参差成沉痛的惋惜，连同历史的碎片深埋风雨之中。圣·尼古拉教堂，宛若岁月时点上的一线光，终将隐入尘埃中，化作文字背后的歌咏。

风雨中的古典艺术

太阳强烈的光线，在金属的折射下，绽放出耀眼的光芒。宛若一条条锐利的刀锋，劈开时光的密码，交织成闪亮的路径。一些流动的气体，通过光的路径，争先恐后地涌将出来，瞬间化作无数条舞动的纹路，在建筑体交叠相间的形态中，映射出雄壮的美。

其实，圣・阿列克谢耶夫教堂，给人的不仅是视觉上的冲击，更重要的是它内在的质性美及历史的成因。它立体式的身躯，精湛的几何设计，及优美的雕镂艺术，如同一部珍贵的艺术典藏，已然植入历史的文脉，影映世人。

那些巧妙的构思与独具特色的艺术处理，都很大程度地彰显出古典艺术的地方特色。当思维的触角，与之碰撞的瞬间，脑海深处的意识流，形成庞大的网络，叩响体内每一处封闭的河流。尘封的历史，被再次推向现实的舞台，如同影像一幕幕散播开来。

自十九世纪以来，随着不同建筑风格的形成，西方建筑艺术逐渐成为哈尔滨的主基调。尤其俄罗斯建筑风格的引入，更加奠定哈尔滨建筑艺术的基础。这些古典艺术的合理运用，好似潜在的灵感源泉，掀起哈尔滨思维大海里汹涌的浪潮。

作为日俄战争的产物，圣・阿列克谢耶夫教堂，就是在这样的历史氛围下构筑而成的。一九〇七年，它由吉林省公主岭市，辗转迁移至黑龙江省哈尔滨市。跨省越县几经周折，经历拆除、重建之后，于一九三五年，落户哈尔滨市南岗区。犹如移栽的生物体被连根拔起，几易其址，再注入另一片土地的血脉。同时它由一座木质教堂，衍生为砖石建筑体。由始至终，这座强大且独立的生命体，宛若脱胎换骨的有机物，在近百年的风雨中，呈现出民族文化及地域特性。

圣·阿列克谢耶夫教堂，现位于南岗区士课街四十七号，地处果戈里大街与革新街交界处。占地面积约三千平方米，建筑面积约一千〇五平方米，被普通住宅楼及办公区域包围。建筑整体流露出神秘、庄严的气势，由俄国建筑师斯米尔诺夫·托夫塔诺夫斯基设计，属于典型的俄式建筑。

对设计师而言，每一处线条与点面的结合，都是建筑体生命的承载，更是生命得以延续的标志。它既吸收古罗马建筑的精华，又延续古俄罗斯建筑的创新风格，可以称得上是二者的完美统一，从某种程度上来说，更具有非同寻常的历史意义。

矗立于广场上的大教堂，平面呈十字形，立面陡峭错落，凸显建筑整体的厚重与坚实。广场四周围有石栏，摆放着大花坛，洋溢出春天的气息。它古朴的外形设计高贵典雅，钟楼上的帐篷顶巍峨大气，傲然耸立。上端饰以小穹顶，中厅嵌以大穹顶，尖端镶嵌十字架。三个尖顶在流动的光线映衬下，绽放出神性的光辉。

有关资料上显示，古俄罗斯的建筑风格，大多是由古罗马建筑引申而来。它在构建上按部就班，并未融入自己的主观思想创造；在思维上，更反映不出生命体的整体属性。建筑体如同嫁接而来的生物，在时光划过的轨迹中，寻不到根的出处。

随着科技的发展和古俄罗斯人思想意识的提高，直到十六世纪，俄罗斯的建筑艺术风格，逐渐摆脱掉引入的外来模式，在创建手法及构思上，倾向于地域性创作。并对建筑整体赋予思想性，继而打

一九三六年的圣·阿列克谢耶夫教堂

圣·阿列克谢耶夫教堂局部（据日本明信片）

造出独具特色的建筑艺术风格。

由于北方的地域、气候、光线、温差等多方面因素的影响，俄罗斯建筑师在大胆创新的基础上，将古罗马式建筑风格进行全新改造。教堂的顶部改用帐篷顶，以达到保温取暖的目的。又将教堂的屋顶增强立体性设计，既延续古建筑的精美之处，又打通新式建筑的渠道。使异域风格的多样化元素注入同一生命体中，将完美组合的艺术效果发挥得淋漓尽致。

圣·阿列克谢耶夫教堂即是这类建筑的典型之作，其结构繁复严谨，小装饰体居多。墙体红灰相间、通透整洁，大小等同的凹槽平行排列、铺陈有序。历史的风云虽然在时空的区域里，磨去尖锐的棱角，但它雄壮的气势，与威严高耸的空间存在，为东正教的有力传播与古代建筑艺术的深入研究，最大限度地提供了可能。

一九八〇年，这座建筑体转换给天主教会，不仅摆脱掉外来思维的困囿，更表达出人类思想境界的深度追求。

教堂的窗子采用拱形设计，饰以铁艺栏杆，镶嵌有金属十字架。风雨动荡的年月，它们曾遭受粉身碎骨的欺凌。一些肢体的残缺，被打上时代的烙印，通过某个特定的区域，再度根植大建筑体之上，继续延长自己的生命。

午后的阳光穿透金属体的坚韧，所产生的艺术效果，在视网膜中表达出不同程度的意象。多重交叠的影像，在时空的向度里，连续发生激烈的碰撞，宛若真实中的幻象，产生一种朦胧的思维存在。

光线在红灰相间的世界里，呈现出嬉戏的姿态。它多变的身躯置入空气中的坚实，使金属与玻璃的重叠处，映射出必然的浓缩。那些循环往复的色彩反馈给器官的感知，于交相垂直的建筑体上形成有效的连接点。光线与建筑瞬间的碰撞，让我想到光与建筑之间的必然联系；想到建筑在光的凝视下，所发生的一系列光源效应。

台湾建筑学家徐纯一在他的文章中指出：“光的凝视不是直观

亦非斜观，它是肉眼想看欲望的终止，是将差异引入事物自身之内产生一种空间形变的可能性。”这种可能性终将转变，成为某一形态的补充。由此可见，光的可能性形变，佳构成建筑体非凡的艺术效果。

窗子上方的壁面上依附许多小建筑体。可以想象得到，这并非简单的依附，而是扎实的植入。那些美妙的起伏，灵活的曲线，和着跳跃的旋律，为大教堂的整体和谐与完美组合，缔造真实的可能。

悬挂的线脚和复杂的雕饰，在手法处理上，极大限度地表现出古代建筑艺术的形式美。这些小建筑体仿佛充满活力的生命，于岁月的光影下存活百年之久。它体内的丰腴，在时空的转换中，构筑成大建筑体全新的世界。

一些弧状的曲线层层凹陷下去，呈现出罗列式布局，整体高悬于主教堂的窗子上，展现几何学与线性学综合运用的最佳效果。立面的大教堂，让我想起立体几何的曼妙之处，点与面、点与线之间的相互辉映，通过气流的波动与光线的作用，所折射出来的立体效应，极尽简朴大气之势，是任何现代建筑都无法比拟的。

尤其圆柱体的穿插运用，以及曲线的交错平行，极具视觉感染力。光线在这些几何体中不停地流窜，形成五彩缤纷的暖色调，由某一焦点处延伸开来，再从视网膜可见的区域里，阵列成阴暗相间的线性光谱。

艺术是深入自然的探究与表达，更是情感的渗透与提炼。

圣·阿列克谢耶夫教堂，它的外观设计渗透出完全的自然性东西。艺术整体生动活泼、韵味独特。尤其镂空体雕饰，看似浮在大建筑体表面，起到饰物作用，而事实上，这些悬浮状的镂空体，仿佛生长在自然界中的生物，将灵魂与肉体交付这份坚实中，为人类了解自然与建筑的和谐，做出相应的努力。

它们多附在大建筑体靠近顶端的区域，宛若镶嵌颈部的饰品，于暖色调的光线下，绽放出迷人的色彩。尤其那些开放百年之久的花雕体，与自然界紧密相连，在艺术家眼与手的协调作用下，透过大建筑体的表象，感受实质的内在。

李欣，今年五十六岁，是这里的天主教徒，信奉天主教长达六年之久。我被她的笑容牵引，一步步踏上天主教堂陡峭的台阶，探寻圣·阿列克谢耶夫教堂的内部构造。高跟鞋在寂静的内堂里发出清脆的回响，我曾试图放缓脚步，以阻止声音的扩散。然而这声响仍旧与某个时点相互吻合，瞬间又偏离时间的轨道。

据李欣介绍，因为这座教堂的缘故，革新街最初被称为教堂街，后期这条道路进行欧化处理，才被改作革新街。每逢周六、周日教堂对外开放，可容纳上千人做礼拜或祈祷。近些年还常有年轻人在这里举行婚礼，场面隆重，富有神秘感。这里的天主教徒年纪偏大些，但他们的虔诚，与内心的感受融合在一起，为大教堂注入鲜活的血液。

一幅精致考究的画作，在内堂的回响声中映入眼帘，这就是圣母像，由俄罗斯圣像画家萨得罗基尼所绘。圣母像被花丛簇拥，迸放出诗性的光辉。透过光线的折射，我似乎看到她眉宇间流露出来的灵动，这让我想起她的功德，以及她遭受的苦难。李欣十指画十做出行礼状，瞬间我感受到一位天主教徒的心智呈现与忠实崇拜。

通透的拱顶支撑起大教堂的整体轮廓。躯体内部分支成四个拱洞，包括一段窄长的过廊。拱顶与拱洞之间饰以围栏，镶嵌各式花边，绽放出金属气息。围栏正中悬挂着耶稣的半身像，金色边饰布满周围。拱洞呈弧状凸出，平行放置双人排或仨人排椅子，整齐地摆放长条桌子，供教徒们放经书之用。有几位天主教徒散坐在不同的位置，他们正在低头读书，那种专注的神情，仿佛背负使命般，给人以庄严肃穆之感。

内堂的整洁与清爽，完全出乎我的意料。我穿越狭长的过廊，靠近内堂的墙壁，手指轻触的瞬间，墙壁上纸质的画作，显现出不易察觉的颤动。犹如停留时空百年之久的感知效应，在这触动中传递过来，令我不知所措。

李欣说，原始画作已被取下多年，搁置在安静的地方，就连她也未曾见过。而墙壁上这些画作，都是后期的仿品，天长日久，已经褪去初始色彩，于时空的领域里，流露出灰白的浅色调。墙壁和拱顶通体的白色，完全可以证明这一点。这是经过多次粉饰的结果，显然最初的色彩，已被时间掩入岁月的尘埃中。

空旷的内堂里，我仿佛听到心底深处发出的回响。这又是一座被风雨侵蚀的建筑体，它考究的外表，终是抵不过内心的空无。即使那些技艺高超的建筑师，也终将无法修复它最初的原貌，更无法通过眼睛，深入地理解它内在的真实。

这种空无所带来的疼痛与不舍，远远超出我的想象。它们犹如被刀斧割裂的印痕，伤害的不仅仅是生命的体表，更是内心的感性表达。圣·阿列克谢耶夫教堂于百年风雨中，在将它的雄壮美展现给我们的同时，却把内心的痛楚层层包裹起来，以此掩盖生命的虚空。而任何躯体的断裂，都将使建筑整体失去情感的依托，呈现出僵化态势。

法国雕塑家奥古斯特·罗丹，在他的《罗丹艺术论》中指出："没有生命便没有艺术。"一个没有被赋予生命的物体，形似一副固化的面容，更无法融入思维扩张与想象空间。它如同缺少血液和呼吸的生物，呈现濒死的苍白。

同样，被割裂器官的建筑体，它用什么呼吸新鲜空气，又以怎样的状态存活于世呢？我无法想象大教堂的痛苦与艰辛，更无法想象它被抽空血液后，渗透出的不堪与无奈。奥古斯特·罗丹把艺术与生命紧密相连，所以他的每一部作品都融入生命的气息，在它们鲜活的体表外，透露出内心的灵动与鲜活。

东大直街与果戈里大街交会处的南岗商业中心

二〇一五年五月十日，下午四时左右，为拍几张满意的照片，我再次来到圣·阿列克谢耶夫大教堂。到达广场后，心若久悬的石头终于落地。大教堂优雅的外观，宛如穿透生命光感的几何效应，触动我每一根神经。许是周末的缘故，广场上聚集许多人，与去年冬天的萧瑟相比，多了份欢快的气息。孩子打闹玩耍和大人悠闲散步的场景，与古韵风雅的大教堂，构成鲜明的对比。

韩云庆老先生，七十五岁，是这里的常客，他每天下午三四点钟在此锻炼身体，是见证大教堂历史的人。老人三岁由山东省来到哈尔滨市，在道里区居住十几年，后期搬迁至士课街居住，至今已有六十个年头。他和蔼的目光中透着善良与慈祥，言语间浸着愉悦，使我们的谈话轻松许多。

由韩老先生那儿得知，几十年前的大教堂，周围设有环状栅栏，将之整体圈住，它如同与外界隔离的生物体，成为历史风云中的摆设。"文革"期间，广场上先后建起一些小型平房，将大教堂挤对到广场内逼仄的区域里，唯有显露在外的圆顶，以诧异的目光探寻世间的一切。

与此同时，又在靠近果戈里大街这一侧，以大教堂的外形设计风格为模板，构筑起一座矮小的偏房，仅供储备零散物品之用。目光穿越那座低矮的小建筑体，相近的颜色与选料，给人感官上的错觉，它宛如一件复制品，矗立在大教堂的身旁，起到辅助作用。然而看上去完美的外形，却显露出与大教堂整体极不相称的色调，让人心情感到极不舒畅。

大教堂原来的窗玻璃已几经更换，内堂也经过多次粉刷，如今的大教堂只剩下坚实的外体。"你看见顶楼上的大钟没有？"老人用手指向大教堂复杂错落的顶楼，在镂空体的建筑夹缝中，可以依稀见到大钟的轮廓，在建筑的暗影下折射出沧桑的神态。"大钟还在，只是已经多年听不到它的响声了。"老人目光中透出的惋惜，就像坚韧的锐器，击痛我头脑中充沛的意识流。

自然是生命的知己，它所呈现的色彩，是生命体得以迸发真实情感的缘由。而置身风雨中的建筑艺术，每一处细节的动荡与不安，甚至每一段隐性的伤害，都会导致它生命密码的泄露，或是内心情感堡垒的摧毁。它生命的走向终究是无法考证的，就如同生命的存在意义一样，的确是一种悲哀。

建筑是活着的历史

晨昏交替之中，光与影的折射，辉映着圣·索菲亚大教堂高耸入云的穹顶；点与面的交合，不仅体现艺术与艺术间的对接方式，更体现时代的进步与发展。于大教堂的隙缝间精雕细琢的主体结构中，我们不难想象，那是经过建筑师们的精心探究，无数次面与面的对比、光与影的完美组合，在他们饱含笔墨的画笔上，构成大教堂的平衡与和谐之美。

当思念的脚步，再一次踏上透笼街与兆麟街的路口，并置身于圣·索菲亚大教堂的正门之际，思想的栅栏冲破时空的羁绊驰骋开来，为跨越历史的震撼找到适宜的突破口。那些游离的思绪，试图缓慢地移动、攀爬着，在流动的空气与错落的砖石中，安放自己躁动的灵魂。

顷刻间，穿透舞动的光线，我看到那直抵云霄的锋利，根植圆顶之上，又幻化出神性的光芒；目光轻拂历史的尘埃，于时空转换之下，一些影像的片断蜂拥而来，打破现实的安详与静谧。

一百多年前，哈尔滨还是个靠近码头的小渔村，老哈尔滨人便栖居在这里，大多以小手艺维持生计。寒来暑往，他们用勤劳的双手，抚摸过身边的每一寸土地，用智慧的籽粒串起丰腴的梦想。卖

哈尔滨傅家甸

圣·索菲亚教堂

HARBIN, THE CENTRE OF CIVILIZATION AT
THE NORTHERN PART OF MANCHUKOKU

圣·索菲亚教堂

圣·索菲亚教堂

圣·索菲亚教堂的钟楼

日本人拍摄的民国初年的圣·索菲亚教堂

糖葫芦的，摆地摊的，耍戏法的，街角唱戏的等等，都不约而同地聚拢到这一带来。松花江上游和下游的客商，在这条江上来来往往，为这座小渔村注入新鲜的血液，一时间把荒漠般的江滩变成喧闹的街市。社会底层的贫苦百姓，为养家糊口终日奔波。他们用双手搭建着希望，用目光勾勒着未来，更用生命筑就了不甚相同的生活方式。

随着中东铁路的修建，侨居哈尔滨的俄国移民，怀着对故乡的眷恋，在保留他们原有生活习俗的基础上推陈出新，引进大量的外域文化，在哈尔滨建立起“国中之国”。远东地区久负盛名的中央大街，地处红军街上的龙门大厦贵宾楼，独具欧式风格的道外区老建筑群等，它们简洁的外形，流畅的曲线以及栩栩如生的动态效果，无不彰显出古典建筑的韵味之美。而且哈尔滨多条主街道上的教堂相应而落，它们独特的艺术风格，与渐次而成的高楼大厦形成鲜明的对比。这不仅仅是一种多元素建筑与文化的崛起，更体现了一个时代质的飞跃。

在这些教堂中，最具代表意义的当属道里区的圣·索菲亚大教堂。它地处黄金地带，于繁华与喧嚣之中独处一隅。以沧桑的目光，守望百年哈尔滨的起落与沉浮。大教堂始建于一九〇七年，高约五十三点三五米，建筑面积约七百二十一平方米，可容纳两千余人同时做礼拜。巨型的洋葱头式穹顶和钟楼的帐篷顶高低错落、相映生辉，突出建筑的圆顶，属于典型的拜占庭式艺术风格。这种建筑风格以基督教为背景，并具有鲜明的宗教色彩，强调的是对耶稣神性的体现。拜占庭式建筑艺术起源于五世纪到十五世纪中期的东罗马帝国，也是历史上的拜占庭帝国。公元一一八至一二五年间的罗马万神殿，公元五五二至五五七年位于君士坦丁堡的圣·索菲亚大教堂，以及公元五二六至五四七年位于意大利拉温那的圣唯铁教堂，皆是典型实例的代表。

被交叠起伏的音乐喷泉所包围，矗立在迂回弯曲的回廊之下的圣·索菲亚大教堂，整个身躯沐浴在黄昏的光线中，平稳和谐、威严耸立，演绎出沉静之美。拱形门外衬以半截小楼梯，在阳光的映射下，我仿佛看到唱师班的孩子们手持圣书、面带微笑地走来，那份祥和生怕惊扰圣堂内的精灵。

拱形窗下的雕塑犹如长在旷野的植物，于阳光下呈现出真实的灵动。那些花草在经历百年风雨之后，依然渗透出生动的艺术效果。这让我想到人与自然的相通，感受到建筑师们将自然界中的生物体附着雕塑体内，融入大教堂灵魂深处的震撼。这些鲜活的雕塑在神性的光芒下，呈现出强大的生命力。以至在百年沉浮之后，仍可以隐隐作响，流入心灵深处。

将思绪植入广场的腹地，放大教堂于心底深处。那些行动匆匆的步履，以及穹顶灯光般的闪亮，都令人意乱神迷。穿梭于光与影的缝隙，曾经过无数次对比而成的对立面，被无限地折射、放大，显现出光与影组合的完美效果。大教堂在这些完美的组合之下威严矗立，感受着这座百年城市的兴衰史，更绽放出挺拔的轻盈。

足音叩打着耳鼓，由远及近，缓缓而来。仿佛推动历史的车轮从深远处走来，直至走进每个人的心底。她纤细的腰身，姣好的面容，与这直插云霄的大教堂形成强烈的反差。倘若将这份美好移植到大教堂的内堂，在那份庄严与神圣的衬托下，这优美的足音，是否依然奏响如初呢？

我多想把他们统统都放到我的生命里，或是其他隐秘的地方，好好地安顿他们，就如同我笔端流淌的文字。然而那些棱角分明的建筑体，以及由点至线、不断向上攀升的光与影的折射效应，却在不时地撞击我体内思想的领地，敲打着每一根敏感的神经。

尤其那些完美的建筑组合，让我再次想到人与自然的息息相关，想到自然与历史的相融相通。以思想和智慧托起大教堂的建筑师们，他们从远方，甚至更远些的地方，运来这些原始的石料，或尖锐，或粗糙，或精细，或平坦。这些遥远的生命抛却故乡的土地，在经过无数次痛苦的蜕变之后，演变成为坚实的石块，被建筑师们在四周镶嵌上形态各异的花边，形成大教堂的无数个小构件。它们又仿佛种植自然界的花朵，经过风雨洗礼后的重生，扎根石林中。而这些坚实的石块，配以完美的各色花边，在光与影的交替变幻中，绽放出激情四射的活力。

一道狭长的银光，由大教堂的顶端倾泻下来，宛若高山上流下的溪水，坠入大教堂躯体上游动的光影中，跳跃出灵动的优雅。目光穿越那些凹凸的起伏，无数个小雕饰映入眼帘，它们或如掌状，伸出五指，向上擎起；或如玫瑰花状，正经受着尘埃的侵袭，世俗的搅扰，依然绽放如初、瑰丽华美；或如无名花朵，花瓣并不多，呈简单的叶片状，唯有起伏的轮廓，突出完美的动态效果。穿过游动的光线，我仿佛看到建筑师们手持刀斧的情境，又似乎看到他们托起无数块被打磨的石料，一块一块地拼接组合，在铁石的撞击声中，以及无数个夜与昼的交替之间，构成这座雄伟的大建筑体。

建筑师们将自然界中的花草植入石块中，不仅装饰坚硬的石头，更使其充满生命的活力。它们犹如鲜艳的植物丛，正喷薄出无限的激情。而那些此起彼伏的石块，则构成花雕的土壤，架起生命的重量。

我站在最佳角度，不时地移动视线，试图将大教堂装入视野中。目光抚摸之处，那些尖锐的棱角，于光影下变得柔和起来。透过夕阳的余晖，整个大教堂充满诗性的味道。我屏息静气，用心倾听来自大教堂躯体深处的回响，用心头最柔软的诗句，试图阻挡无名的来袭者。我发现许多痛苦变得遥远，它们已经脱离生命的本身，随之而来的震颤，如同远方的波涛，一浪紧似一浪，铺天盖地涌来。

时光的水流可以淹没一切，尘埃或是泥土；可以腐蚀一切，岩石或是建筑。然而，在这霜冷的冬日，我却触摸到大教堂的灵魂，并与之对话；我也仿佛听到，那悬挂岁月深处的思想涌动，及那些与大教堂共呼吸的生命体的心音；我更看到生长在石林中的各色花朵于晨昏中起舞，嗅到它们迎风沐雨、吐露花蕊的馨香。

随着北风的卷动，那些时隐时现的声响，携着历史的脉搏，扫去风雨中的尘土，让我再一次感受到那份实实在在的心灵触动。大教堂知性的光芒，跨越历史的风烟，一次又一次照亮大地，润泽人类。

它点与点的结合，线与面的搭配，镂空的小浮雕，无数条细肋的精心组合，构成无与伦比的外形美。尤其主体两端的建筑体，宛如两条有力的臂膀，掌控着大教堂整体的平衡。强壮有力的粗肋，如同坚硬的骨骼，擎起错落有序的曼妙起伏，于柔润的光影下，给人心旷神怡之感。小浮雕通体的镂空，仿佛镶嵌大教堂躯体上的优美装饰，点与点、面与面之间既相互独立，又相互对应。或是凹陷，或是凸起，再一次给人以强烈的视觉冲击和心灵震撼。

我好似看到它们曾经融入钢筋水泥的混合体中，彼此之间相依相偎，不曾分离。只是在建筑师们的刀刻斧凿之下，或是经过模具的无数次重塑与修整，在吸收足够的营养与血液之后，逐渐地成长为完整的建筑体。如今，它们或许在打量着彼此，用最熟悉的目光回想着久远的时光。却再不能够亲近相随，心手相合，融为一体。最初的泥浆裂变为完整的雕塑，构筑成大教堂的对称与和谐，让我们不能不承认自然界中生命力的强大。它们从无形到有形的演变，正是自然与人类相助相合的绝美之作。

那些没有留下姓名的建筑师，利用光与影的折射效应，细心地分析线条与线条的分布，运用几何学的原理，通过点与线、点与面的精心搭配，对光与影进行曼妙的处理。大教堂的每一点、每一面的修饰，倾注他们大量的热情与心血。哪怕是一座小小的浮雕，它所投下的整体或局部的阴影，在建筑师们的笔下绽放出神性的光辉，也是我们所说的富有建筑体的生命力。

当踏入正堂的门槛，双脚交替在过去与现实的当口儿，小心翼翼地将额头浸入历史的因子中，整个身子探进去，把黄昏的柔和抛出门槛之外。跨越时空的距离，我似乎听到一个苍凉的声音于头顶响起："上帝需要光，所以有了光；上帝需要水，所以有了水。"硕大的金色十字架折射出来的光线，连同那双蓝色的目光，顷刻间绽放出耀眼的光芒。

身后这道门仿若一条锋利的切割线，将过去与现在切割开来，形成相互独立的对立面。它们相辅相成，形影相随，却终是无法相惜相容，合二为一。

当面颊触碰到历史的面纱，目光散落在忽明忽暗的光影下，我努力搜索着头脑中的记忆，极力寻找书本中大教堂的影子。然而面对它的真实，所有的文字都显得苍白无力，内堂的空旷与寂静，是我所始料不及的，我竟看不到艺术家们笔下那些艳丽的色彩。通透的彩色窗子，只是书本中描摹的记忆，并没有再现其中，而是随着时光的推移，消失在某个寂寥的旷野，或是纷飞的雨夜。我想象不出，风雨把大教堂的躯体撕裂开来，再打落在地，任其发出疼痛的哀鸣，或是悲伤的哭泣；我更想象不出，它隐匿喧嚣中，沐浴寒流，漠视花草的枯萎，或是生命的轮回。此时此刻，它仿佛是个被掏空内脏的躯壳，隐忍着现代化的填充物，承载肉体与灵魂的波动，以及生命的过渡。

城市童年，旧时风貌和社会掠影，囊括百年哈尔滨的所有历史，三部分成环状排开。一些陈旧的图片及沧桑的文字，诉说着这座百年城市的历史，以及大教堂所经历的风风雨雨。没有一点儿声响，内堂里静得出奇。我听到内心深处啜泣的声音越来越大，逐渐遍布周身。一股寒冷于血液中游走，如火蛇般迅速蔓延，沁透身心，却换不回历史的还原。同一片土地，同一片苍穹之下，却映照出迥然不同的生命体。那些匍匐或是爬行的生命碎片，好似从四面八方涌来，涌入这黑夜般的大教堂，企图攀附母体之上，然而终究不能。它们羸弱的身躯，已无回天之力，时光已然磨损它们原本的坚实。

目光划过之处，那些稀疏的斑驳，再一次刺痛我心底的柔软。它们如同散落的星辰，缀满大教堂圆顶的周围，渗入明暗相间的光影中。我伸出手指，试图触碰散乱的光束，然而感受到的只是空气的潮湿。

突然，一道光束点燃内堂。由两耳所传递的声波，和目光接受的光线来分析，这并不是自然的光束。果然循着光束的来源，我证实自己的判断。

大教堂的更夫坐在门口，用一双温润的目光环视着内堂的人。他的面颊透着柔软的光，犹如黄昏里光线的复制品，与内堂的庄严形成极不相融的组合。老人家话语不多，却透着亲和力。他在我探寻的目光中，讲述有关大教堂的一些印象。原来圣·索菲亚大教堂的正门向西，正堂的东侧是主教的讲台，南北面的二楼是唱师班。每当清晨来临，两侧的唱师班响起美妙的歌声，那声音悠扬婉转，令人怦然心动。尤其领圣体的少女美若仙人，仿佛神的化身。内堂的正厅悬挂着圣灯，通体的铜质构造，能够上下伸缩。环状的形体四周围有蜡台，放下圣灯，点燃蜡烛后，再升至拱顶。拱顶上附有花纹，并饰以精细的小雕塑，遗憾的是，在夜晚的灯光下变得灰暗、模糊，看不真切，只能凭借想象来描摹它们的本色。内堂的四周曾经附有壁画，如今却成为收藏品，连同记忆尘封岁月中。我想象着它们艳丽的色彩，以及线条的纹络，甚至人物的形体、神态等等。这一切的一切都给我留下深刻的记忆，只是从未出现在生活的真实中而已。

当记忆的车轮碾过时光的隧道，我又看到奥古斯特·罗丹笔下大教堂的绚丽多彩。他在古典派与现代派的过渡当中，从不拘于传统的思想束缚，并主张对于建筑与雕刻，面块的起伏是全部的生命，是艺术家作品的灵魂。深度方面，体现在细小部位的比例关系上。而眼前的圣·索菲亚大教堂是历史与现实的综合体，即便沐浴冰冷的薄暮中，其精神实质还是一样的，通体上下都绽放着神性的光辉。

由此我想到自然与建筑的和谐。自然走进历史，建筑诠释历史，终将成为一种历史。

残垣下的思索

一

每一座建筑体自生成开始，便陷入到人类的世俗性中，它所生存的空间往往比时间更根本，容易落入平凡的境地。何况它要经历风雨的洗礼，最初的混沌，以及数不尽的割裂与挤压，难以做到本质性的还原。

圣·伊维尔教堂位于道里区霁虹街工厂胡同，原为俄国外阿穆尔军区的军用东正教堂。始建于一九〇八年，砖木结构，属于折中主义建筑风格。二〇〇七年九月三十日，被哈尔滨市政府列为II类保护建筑。

作为与圣·索菲亚教堂同为随军教堂的“姊妹”，它们同位于哈尔滨火车站的后身。圣·索菲亚教堂位居右侧，气势磅礴，外形壮观；圣·伊维尔教堂位居左侧，头顶林立七个洋葱头，金光闪烁，直插云霄。无论从哪个角度看，它完美的外观与精湛的整体设计，都不逊色于圣·索菲亚教堂。

教堂由外阿穆尔军区司令官契恰科夫及官兵捐款所建，邀请俄国著名建筑师德尼索夫设计兼指导。占地面积约五百五十五点八平方米，南北宽二十二米，东西长二十六米，高度达二十七米。西侧为主入口，高耸的拱形门矗立入口处，外附一层厚实的保护体，铜质呈墨黑色，坚实无比。

二〇一六年三月二十七日上午，我踏入这片隐蔽的地域，沐浴在晨曦的光线中，感受久违的相逢。曾听说过圣·伊维尔教堂由一位老人在义务看守，而且长达几年之久，如果幸运的话，我想我会遇到这位好心的老人。

阳光在林立的楼体间穿行，辗转着将较大的辐射面挪移到教堂的躯体上，它残败的肢体看上去更显沧桑。漂亮的洋葱头已经踪影全无，取而代之的是破碎的墙壁，和参差不齐的花瓣装饰。

当年镶嵌壁画的位置已经被长形窗所代替，窗子上部可以清晰地看到壁画的拱形轮廓。砖石在岁月的风雨中，已经泛起斑驳的白色调，与红砖形成极大的反差，不禁让人心生怜惜。

入口处的拱形墙壁已有部分脱离主体，裸露出惨淡的暗色调。左侧牌匾上书为“哈尔滨市文物保护单位 / 伊维尔教堂”，右侧牌匾则为“保护建筑”等字样。黑色调的牌匾犹如教堂的保护神，见证它存在的真实性。

除却正门入口处的大门外，其余两个次要入口的门都已封死，透过斑白的暗影，依稀能够看到砖石的形态。门的顶部一律呈现拱形结构，密实的砖石错落其中，即便经历百年之久，依然能够感受到躯体的坚实与韧性。

教堂四周的墙体上阵列多个拱形凹槽，大小无异，深陷墙体之中，流露出暗淡的色彩。透过感官的思维，我清晰地意识到这就是贴附壁画的位置。只是当年的壁画已经踪影全无，唯有陷入时光中的凹洞，以沧桑的目光凝视这个世界。

顶部的钟楼处已经失却原初形态，大钟不知去向，光秃秃的钟楼只剩下掏空的洞口，和破碎的砖石，裸露于百年风云中。它犹如失去精神依托的器官体，在历史与现实之间，发出断裂的声响。

教堂的左侧附以灰色调楼梯，直抵二层，通体上下流露出拙劣的气息，与教堂的红色调形成强烈的反差，看上去是强加上去的结果。它的不搭调，破坏掉教堂整体的和谐与统一。

萌萌曾在文章中指出："生命就是自然，同自然一样深邃，一样浩渺，一样充溢着原始的魅力和神秘。"事实上亦如此，无论这生命是残破的，还是丰腴的，它由内而外所散发出来的活力，永远可以光彩照人，影映后世。

二

当人类将自身的温度传递到建筑体上，建筑的本身便有了生命。而在生命源之于生命的过程中，终会将真实摆放在人类面前，并能够支撑起梦想的原初性。

我环绕教堂的周围，随着阳光的影子辗转移动，以不同的方位探索教堂的存在。原来书本中的表述仅限记忆的范围，而当置身真实之中，才发现这些残垣断壁已经打碎生命的完整。

一位骑摩托车的中年人闯入我的视野内，在离教堂不远处的空地上长久驻留。他对于处在孤立与静寂中的我来说，如同暗晦空气中仅有的光亮，在幻象与真实间，打开某种希望的通道。

"您好，请问您认识长年打扫教堂的老人吗？"听到我的问话，中年人很是兴奋，他抬起右手指向教堂对面的居民楼："你说老孙吧？他就住在那栋楼，我们常能见到他。"我的兴奋陷入惊奇中，并在他的指引下踏入那片居民楼楼下。

"你看，老孙在那儿晒太阳呢！"中年人指向前方闲聊的几位老人，喉咙里发出大声地呼唤，"老孙，有人找你！"随后在一阵

THE VIEW OF THE STEEPLE OF THE CENTRAL TEMPLE
PIERCING THROUGH THE BLUE SKY, HARBIN.
塔尖の院寺央中く輝に空碧 （見所上街ンピルハ）

圣·伊维尔教堂的塔尖

圣·伊维尔教堂

上个世纪四十年代日本明信片中的圣·伊维尔教堂

上个世纪二十年代的圣·伊维尔教堂

摩托车的引擎声中远去，驶离这条洁净的小胡同。

我走向前，看到晒太阳的几位老人，不知哪位是中年人口中的老孙。倒是其中一位老人踏前一步，“你找我有事吗？”老人的脸庞露出和善的微笑，目光中透着坚忍。

他衣着极其普通，身体健壮，面容红润。额头上的纹路深浅不一，于时光的打磨下，折射出刚强的画面。一双大手坚实有力，仿佛在过去与未来之间频繁辗转，在勤奋与隐忍之中拼搏向前。

我慨叹老人的朴实，却道不出此行的来意。“想看看教堂，是吧？”老人的提醒，让我茅塞顿开。我听到心底深处那阵割裂般的声响，在这油然而生的暖意中，变得愈发夯实而安详。

老人本名孙连庆，今年六十三岁，祖籍辽宁省大连市。从部队转业后分配到大庆市龙凤区石化总厂，并于一九七四年转到大庆市石化总厂驻哈尔滨办事处工作，直到退休。

算起来他已经在这里居住四十二个年头，从未离开过。这里的一草一木对他都有吸引力，在不同的风云变幻中，体会出生命的光彩与生存的意义所在。

他是位军人，更是一名党员，党组织信任他，把教堂的守护工作交与他，他就要尽心尽力地做好。除此之外，他还负责三精制药厂的水房打理，这间水房可供七八十户人家使用，足见这种托付的本身又何止是简单的信任？

老人的出现，打破我对工厂胡同乃至圣·伊维尔教堂的某种幻象存在。在我的潜意识中，教堂被居民楼所包围，仅留的空地也是逼仄至极，地面上脏乱不堪，垃圾遍地。更何况教堂损坏相当严重，人们对它的关注度已经薄弱到一定程度，远不及圣·索菲亚教堂来得重要。

然而事实恰恰相反，教堂虽然矗立居民楼中，但主体洁净，地面上一尘不染。曾经的旱厕已经无影无踪，四周更无泥巴或是雪水等污浊物。尽管教堂主体残破，但在这份寂静与整洁中，仍然能够看到它当年辉煌的影像。

其实任何一种文明，都会注重时间。它可以冲洗掉一切污垢，并在原有的基础上，洗涤旧时灵魂，将所谓的梦想与责任延伸下去。

三

灵魂在废墟与残败之间游走，一些莫名的触动汹涌而来，打破心底的宁静。倘若说废墟是生命的重新开始，那么生命则是黑暗中流淌出来的自然之光，它将点燃希望的火种，裸露出纯粹的光明。

老人告诉我，被损坏严重的教堂成为哈尔滨第三服装厂的车间，大批衣物由教堂内生产出来，并销往全国各地。如今服装厂已经倒闭，一把生锈的铁锁，锁住历史与现实的大门，踏入与踏出之间只隔着这道屏障。

“你看那块石板，”老人用手指向服装厂门内的一块石板，透过铁门的缝隙，我看到一块长方形石板平铺于大门的入口处，光洁的外表与周围的砖石形成鲜明的对照，“那下面埋有俄国军官的尸骨，你没看到这块石板与其他石板不同吗？”

我终于明白所谓的教堂下面埋有神职人员之说。事实上，教堂下面及地下室里，陈列或埋葬着抗击义和团运动及日俄战争时期战死的官兵们，而且教堂的墙壁上刻有阵亡者的名字。

老人说两年前曾起走一副军官的尸骨。他还清楚地记得起出的棺材呈长方体状，是一副铁棺，通体为墨黑色，正如入口处大门的颜色。铁质坚韧保存完好，未见有多大的腐蚀度。

他将这种材质称为“蒙钢”。它有异于普通的无锈钢，而是富含多种矿物元素及离子，抗腐蚀，耐磨损。即便深埋地下，在幽暗昏黑的环境中，也奈何不了它的坚韧度。

“你看看这片花坛，这下面都埋有官兵们的尸骨。”老人的话语将我的目光牵到教堂左侧的花坛处。所谓的花坛，便是由砖石砌成的花圃，中间部分置以湿润的泥土，颜色黝黑，泛起阵阵湿气。

而且教堂的右侧也是一处花坛，同这处大小差不多。每年的六月份都有俄罗斯人来这里祭拜，更有些人将小孩子带来瞻仰，并在花坛处栽上花，一则是为了观赏，一则是对先逝者的怀想。

倘若说自然之光谓生，那么黑暗之光则谓死。无论以何种方式失去生命，死都是生命时点上的断裂，更是一种时空的跨界。祭拜与怀想，则是对生的崇敬，对死的冥想。

我循着老人的声音，又来到教堂右侧的花坛边，将那片泥土的湿润尽收眼底。仿佛是异域世界里的生命体现，暴露于现代化的思维体系中，将生与死的本质呈现。

教堂左侧靠近服装厂的位置，原来设有金色十字架和祭坛，“文革”时期都被红卫兵拆除了，现在已经找不到一丝痕迹。它们如同教堂生命的一部分，随着外界的干扰与破坏，被硬生生剥离主体，在时光的割裂中，再寻不到来时的踪迹。

老人的话语中流露出惋惜，记忆深处的疼痛生长出来，逐渐蔓延到空气的离子中，继而掌控到某种思维向度。我沉浸在寂静的氛围里，倾听岁月回响真实的声音。

四

任何一种情结，都是缠绕或流动着的神秘领域，通道一旦被打开，所谓的焦虑与不安，便如潮水般涌来，蓄满生命的每个角落。破坏与否都将是无法维持的困境，它所有的存在也仅仅是时间上的感觉而已。

黑龙江省土质肥沃，物产丰富，同时它也是一个多民族、多宗教的大省。我们的古代先祖们对自然和祖先的崇拜，都是早期宗教的原初性体现。

继佛教传入这片土地以后，在元代初期，基督教三大派系之一的东正教传入黑龙江，很快为广大民众所接受。直到清末时期，大量外国教会驻扎于此，呈现喧宾夺主之势。

一八九六年清政府与沙俄签订《中俄密约》之后，俄罗斯东正教便堂而皇之地入驻哈尔滨，凭着借地筑路之名，进一步实施侵略的目的。自一八九八年哈尔滨第一座教堂拔地而起，直到一九三一年的三十三年时间里，黑龙江省共建起教堂四十九座，仅哈尔滨的东正教堂竟达二十七座之多。

当时教堂的各项职权均由俄国人掌控，他们犹如船板上的蠹虫，肆无忌惮地吞噬着异乡的土地。九一八事变以后，东三省全部沦陷，日本帝国主义进驻东三省，从而使大批宗教团体成为其大肆侵略的帮凶。

“文革”期间，哈尔滨市内大量教堂被破坏，真正保存完好并对外开放的已经少之又少。圣·伊维尔教堂作为被破坏者之一，穿透岁月的光影，掩映掉固有的辉煌，裸露出时间的印迹。

这是座尖塔式教堂，共设有五个洋葱顶，再加上钟楼和后体上的各一个，共计有七个洋葱顶，另外设有三处祭坛。圣像在俄国的切尔尼哥夫市研制而成，其余圣像则是由士兵画制所得。高耸挺拔的外观，希腊十字形的设计，为教堂本身平添靓丽的色彩。

距离教堂二十米远的西北方向，有一座俄罗斯平房，它就是圣·伊维尔教堂的附属孤儿院。院落四周筑以砖石围墙，入口处有一扇铁质大门。墙体上的马赛克镶嵌画，尤其引人注目。精湛的艺术、艳丽的装饰，从某种程度上，打开我闭塞的视觉空间。

马赛克镶嵌画宽约三米，高约三米，呈倒置的心形结构，由方形马赛克拼贴而成，整个画面是一幅温馨的田园风光：一位妇女挎着篮子，身穿及膝的裙子，旁边跟着一条狗；在她不远处有一间小木屋，弯曲的小径延伸开来，并一直探入丛林深处。

镶嵌画整体简洁、线条鲜明，清晰的图表林立时光之中，在周围斑驳陆离的景观映衬下，依然保持固有的存在态势，这不能不说是其质地坚实的必然结果。

孙连庆老人说，解放后这座孤儿院被政府分配给三位老红军使用，如今他们都已过世，房产归后人继承。随着建筑体的不断衰败，老红军的后人们也已搬离旧居，并由一位老人来看守。

这让我记起刚刚踏入工厂胡同之际，我徘徊于这扇铁门前遇到的老人。他精瘦的面容留有茂密的胡须，言语不多，看上去有几分怪异。我询问他这座建筑与教堂之间的关系，他回答说不知道。又询问他这里的现状，他却说什么都没有，就是间废弃的老房子。

他的回答使一些时光穿越而过，并肆意地吞噬掉建筑的小部分生命；他的每一次拒绝，或是强硬的打断，都将是紧迫感来袭的症状，以至于这种紧迫感无时无处不在。

五

生命起源自然，并与自然息息相关。由于宗教的介入，一些原初的生命，在自然与非自然之间，显得动荡不安起来。以至于那些自然的幻觉或是假想无端涌来，成为困扰生活的外来因子。

那是一个盛夏的凌晨，孙连庆老人起床去查看忘记上锁的摩托车。当他走近摩托车时，一抹尖锐的光线由教堂顶部倾泻下来，并围绕周围，不断地打着旋涡。他本以为是老眼昏花所致，揉揉眼睛欲要一探究竟的时候，突然发现那所谓的光线面积正逐渐变大，由充满亮度的空间内晃动一个人的身影，在寂静的时光中，呈现出惊魂的一幕。

他扔下摩托车，快速逃离教堂，从此再未把摩托车锁在此处。

老人讲这话的时候，目光中流露出惊魂未定之色，嘴巴一直在说：“我不相信迷信，但我解释不清这种现象是怎么回事。”我告诉他这是一种幻觉，由心理到自然的幻觉。但他不相信，他认为那些全部都是真实的，有一定的依据。

我清楚他所说的依据，意指教堂下面埋葬的尸骨，以及这座教堂存在的历史真实性。这一切不能证明什么，只能证明所谓的灵魂之说，或者说是心结所致的幻觉困扰到他。

如今的教堂由省宗教局接管，于每月十日派人来巡查。老人曾进过教堂，其内室宽敞明亮，左右两部旋转式楼梯能够直抵顶部。高耸的屋脊与其他教堂的设计并无差异，只是教堂内室由于多年闲置的原因，有种庄重森然的感觉。

隔着墨黑色的大门，我似乎看到内室里旋转的楼梯，及宽敞明亮的空间。每一点、每条线的布局都极尽精细之处。这些真实的存在，不仅仅是表象的诉说，更是某种情感的震荡。

圣·伊维尔教堂曾经的美好被隐蔽时光之后，随着岁月的打磨，流淌出淡然的态势。其粗糙碎裂的墙体，穿越时空的阻隔，屹立现实的分子中。每一次残缺的呈现，都将是明与暗的强劲对峙。

教堂的右侧连接一间低矮平房，墙体斑白，散发出破旧的气息。它本是间装满废旧物品的仓库，而今空置下来，不知作何用途。上部的窗子外附拇指粗细的护栏，相互交织、错落有序，俨然成为最坚实的保护体。

四周的平房有很多，而且间间相连，密实无比。墙体附以暗色调，裸露出岁月留存的痕迹。被时光割裂的缝隙交错其中，形成弯曲与直线并存的参差布局。它们犹如刀锋下的疤痕，附在衰老的躯体上，迸发出低沉的呼喊。

教堂的墙体上凹凸不平，错落起伏，呈现出劣势的回音。这回音透过流动的离子，传递到耳廓深处，形成旋涡状的声波，激荡成较大的辐射面，并不断扩张开来，疼痛到神经的最深处。

那些起伏相互咬合、搭配默契地摆放在风中。碎裂的砖石，带着伤痕累累的印迹，被安放到墙壁深处，依然如故地证明自己存在的价值。这不是简单的应付了事，而是岁月赋予它们的使命。

六

时光如同一面镜子，总会折射出不同的场景。无论是完整的，还是破损的，它们都将在适宜的时机下呈现出来，并探求到合理的表述方式，从而让充分的准备得以发挥作用，以达到预想的目的。

圣·伊维尔教堂昔日的辉煌已然不再，但其残垣般的躯体裸露风雨中，已得到妥善的安置，算是一种慰藉。近些年来，重新整修的呼声很高，更引起俄罗斯官方的关注。

这一说法从孙连庆老人那里得到证实。教堂的重修的确列入日程，周边居民全部迁出，欲将整座教堂展现出来。由于哈尔滨火车站与霁虹桥路段改造工程的启动，教堂的四周将配以广场设施，和大片的绿化带。将来这是一处集休闲、观赏与娱乐于一体的场所。

由此看来，圣·伊维尔教堂将从多年的困囿中解脱出来，重新矗立于人们的视野中。其破损的躯体将得以修复，那些残余的时光将回转而来，附着鲜活的生命里，化作流淌的血液，与之同呼吸、共命运。

我感受得到老人话语中的期待，尤其当他谈到有大批人士来参观教堂的时候，肯定与认可在他的表达中流淌出来。他们大多拿着照相机，将大量的影像定格于现代化的有机体中，并在观瞻的同时，把现实的思维注入到残败的躯体内。

关于老人的报道先后登上报纸，一些记者和新闻人士相继赶来，争先恐后地想一睹教堂与老人的容貌，将他们载入历史的记忆中。老人与教堂同在，老人的行为是对历史的最好诠释。

正如他所说，“我不信奉任何教派，但我明白人要善良，要做善事，不然的话天理不容”。老人的话语朴实，他把个人的思维融入到行为当中，并从中表达出人生的真正悟想。

阳光直射入胡同的时候，我欲离开这座教堂，老人相当热情地邀我到他的水房看看。所谓的水房即是一间平房，里面逼仄狭小，偌大的水容器放置室内，占据整个空间存在。

房间虽小，却整洁干净，正如教堂四周的环境，从中我看到老人的勤劳，这不是用语言能表达出来的感受。

靠近水容器的右边墙壁上，悬挂着一张大幅的毛主席像，他老人家目光炯炯，淡然微笑，这幅画使整个空间呈现出大义凛然之势，孙连庆老人以此为豪。我理解他的心境，这是信念的存在，和对岁月的怀想。

即将走出胡同，走出圣・伊维尔教堂的视野，更走出老人的目光中。那些生命的回响，依然在空气的因子中流动，仿佛赫塔・米勒笔下穿堂而过的风声，融入到现代化的影像中。

教堂的残败仍然在头脑中盘旋，随着思维的波动，不断变幻出形态各异的场景。其肢体的破损，内心的疼痛，都是对生命重生的深切呼喊。我坚信它重整筑合的那一天，必将是人们眼中最完美的风景。

帡幪：于文字间升腾

一

每一座建筑体的存在，都将有精神的融入与汇聚。它作为精神的载体，能够使其自由出入，从而扩展成意念上的升腾，并于历史的发展与进程当中，点燃被时光安放的火种。

圣母帡幪教堂位于东大直街二百六十八号，又称圣母守护教堂、乌克兰教堂、巴克洛夫斯卡亚教堂。始建于一九〇二年，木质结构，建筑面积六百六十平方米，占地面积达三千平方米。哈尔滨市Ⅰ类保护建筑，属于拜占庭式建筑风格，并为中华东正教会哈尔滨教会所在地。

公元三九五年，拜占庭还仅仅是古希腊的一个城堡。当古罗马帝国分裂为东、西两个帝国之际，其中的东罗马占据了拜占庭城堡，成为独立的帝国。并以独特的地域特性，创造出自己的建筑风格，即所谓的拜占庭式建筑。

拜占庭式建筑风格主要以圆顶加以强调，将圆顶设为中心，生发出与之协调的小部件。通常做法是在方形平面的四边发券，并在发券之间切割出巨大的穹顶。四周的发券是建筑体强劲有力的臂膀，擎起坚固的躯体，体现出内部空间的极大自由化。

圣母帡幪教堂与圣·索菲亚教堂同属拜占庭式建筑风格，并以独特的形态矗立于百年风雨中，至今保存完好。它每一处点与面的形成，细节的处理，都是设计者精耕细作的结果，是历史的最好见证。

圣母帡幪教堂左侧原本是一片墓地，被哈尔滨人称为老毛子坟。墓地上设有一座石头结构的祈祷所，约有两米高，并附以硕大的十字架。由于这里安葬着中东铁路局俄国要员，因此信徒们倍加爱护，又称之为圣母守护教堂。

随着祈祷人数的逐渐增多，祈祷所显得拥挤不堪，无法容纳更多的人。为纪念镇压义和团运动及日俄战争中阵亡的俄国官兵们，一九二二年，由中东铁路局出资建造起一座木质结构的教堂，它就是圣母帡幪教堂的前身。

一九三〇年，在原有木质教堂的基础上，又由中东铁路局出资，由俄罗斯著名建筑师尤·彼·日丹诺夫设计，建造起这座砖石结构的教堂，即如今的圣母帡幪教堂。

转眼间近一个世纪过去了，教堂宛如风云中游离的生命体，在几经转换之后，凸显出自己的真实存在。它于哈尔滨百年兴衰中，见证历史的发展与进步，更见证哈尔滨人民勤劳进取的真性情。

整座教堂以红色为主基调，置身蓝天白云之下，更显唯美精致。入口的拱形门经过岁月的风蚀，已经流露出破败的光影，四周有明显的墙体脱落痕迹。一些参差不齐的斑驳陈列其中，在述说着时光流逝，前尘过往。

透过游动的暗影，依旧能够看到门上方色彩艳丽的宗教画像，只是经过百年风雨，画像流露出淡雅的神态，犹如自然界经风历雨的生命体，在流转的时光中，折射出诗性的光芒。

正门的上方是一扇长方形窗体，窗体凹入红墙之中，四周围以坚实的砖石，尚未看到被破坏的印迹。窗口并不大，分为两开，中间有圆柱体相隔，好似独立的两扇，以精美的造型艺术洞察外面的世界。

檐部布满整齐的雕琢，看上去并不明显，有规律地排列在教堂的躯体上，流淌出大自然的姿态。顶端为教堂的钟楼，钟楼内置以十二个洞式花窗，它们大小相同，呈拱形。造型精美的窗棂上嵌着色泽不同、深浅不一的十字架图案，弯曲的檐部阵列着凹凸起伏的雕刻体，共同托起教堂的穹顶。

祝勇曾在文章中指出：“历史就是由那些被我们今天视为微量元素的事物组成的，大地上那条隐隐约约、曲曲折折的痕迹，是历史留下的痕迹，它是我们掌握历史一切秘密的线索。”圣母帡幪教堂由细碎的部件组建而成，将点与面的结合，细部的布局，汇聚成强大的生命体得以呈现。

二

任何一种生命都会反映出自身的表达，由生命缔造出生命，从而创造出自己的维度空间。残垣碎瓦无非是冬日的寒风、夏日的酷热，它们在与生命对峙的过程中，恰恰证明存在的真实性。

早在一五八一年九月，俄国武装力量入侵西伯利亚时，东正教堂便已在中国大地上建立起来。它如同一股卷入中国土地上的飓风，

其风势波及乌拉尔山脉以东、外兴安岭山脉以南及黑龙江以北等广阔地域。

一八九五年初，甲午战争使中国彻底失败，《马关条约》的签订使之国际地位一落千丈。为改善中国在国际上的地位，清政府急于寻找盟友，至此联俄抗日的呼声一浪高过一浪。

沙俄借助这一时机，将侵略的目标转向中国东北，以筑路之名实施侵略扩张。一八九六年六月三日诱使清政府签订《中俄密约》，以相互援助为幌子，企图达到大举侵略中国的目的。

一八九八年九月中东铁路正式开工，沙俄借机烧杀抢掠、得寸进尺。他们大肆侵占东北土地，在筑路的同时加紧建城的步伐。一座座教堂、商铺等欧式建筑林立埠头区与秦家岗，被贴上外域元素的标签。

在俄国人未来之前，哈尔滨这片地域本是个小渔村，人们过着信守田园的生活。随着中东铁路的修建，一八九九年春季沙俄对秦家岗与埠头区实施整体改造，首先在秦家岗的制高点上，建造起一座圣·尼古拉教堂，同时将侵略的触角不断延伸。

圣母帡幪教堂是当时沙俄建造的众多教堂之一，属于不可多得的拜占庭式建筑风格。夏季花草丛生，树影婆娑；冬季积雪压枝，布满视野。整座教堂犹如被时光孤立的生命体，矗立于墓园之中，构成独特的存在区域。

该教堂的设计图纸为俄国建筑师大学时的毕业设计，后因其声

中东铁路局全图

一九〇三年，建设中的中东铁路管理局

望增高，被中东铁路局采用。此设计仿照土耳其伊斯坦布尔的圣·索菲亚教堂，它始建于公元五三七年，是拜占庭艺术在宗教界的佼佼者。因此在哈尔滨建筑群体当中，圣母帡幪教堂是弥足珍贵的。

二〇一五年十二月的一个午后，天空飘荡着细碎的雪花，我沿着文字的路径，步入这片区域，试图寻找旧时的影像。将它们与现代的思维联系起来，以此证明真实的存在性。

落雪的冬天并不冷，空气中夹杂着淡薄的清爽。穿梭于雪地中，仿佛置身瑰丽的境地，四周豁达通透，不染尘埃。倘若对这座教堂尚无了解的话，终是不会想到这片地域的背后，那些隐入时光深处的故事。

三

意外的声响，总会打破常规的宁静，随着时空转移发生质的变化。无论它作为精神的载体，还是一种自由的融合，都将深入到现实中，成就文字上的腾跃。

遇到贾美瑛实属意外，她是位基督教徒，每逢双休日便来尼埃拉依教堂祈祷。尼埃拉依教堂与圣母帡幪教堂毗邻而建，彼此之间隔街相望。其尖锐的顶部与圣母帡幪教堂圆形的顶部，形成东大直街一道靓丽的风景。

据贾美瑛介绍，这两座教堂原本被一些居民楼所包围，圣母帡幪教堂通往街道处只有一条窄小的通道，并依附围墙而建。后来东大直街实施改造，将两座教堂通体呈现，显露出偌大的空间存在。

靠近圣母帡幪教堂处有老毛子坟的事，老哈尔滨人都知道，但具体位置已经无从考证，而且也没人提及此事。据说一九八五年的时候，老毛子坟已经全部迁出，只有那座祈祷所保留至今。

这一带曾经绿树葱郁，宽敞通达。“文革”时期，教堂遭受到不同程度的破坏，但外观称得上保存完好。一九八四年十月十四日教堂举行命名日，从此揭开历史的新篇章。

同时东大直街上相距不足百米共建有三座教堂，即圣母帡幪教堂、耶稣圣心主教堂和尼埃拉依教堂，它们以不同的建筑风格呈现出完美的外观表达。三座教堂相对而居，仿佛三个不同的点位，以东大直街为对称轴，形成合理的几何学布局。

雪中的圣母帡幪教堂流露出淡雅的风姿，红色调的墙体更显露出鲜明的艳丽，再配以绿色圆顶，构建成唯美的艺术组合。大穹顶由四个大小相同的小穹顶相依托，如同大穹顶的子体，起到一定的保护作用。

绽放着金属光泽的十字架立于大小穹顶之上，并在雪中明亮的光线下，折射出耀眼的光源。这些光源四散开来，形成不同的扩展面，将教堂笼罩其中，形成光路的固定区域。

优美的曲线在花窗及穹顶之间相互转换，并以光的速度形成不同的界面，在教堂躯体深处构建成大面积的存在，表达出不同的光感效应。

贾美瑛滔滔不绝地讲述基督教的意义，他们把耶稣视为神的化身，认为走进教堂，便是神灵的恩赐，寻到了心灵的归属感。在神的庇护下，内心深处才能体会到深刻的宁静。

她的讲述总会打断我幻象的思维，在某种程度上给予沉重的撞击。这些在某个时点上发生断裂的存在，赤裸裸地呈现未知的领域，直到影响某种判断性的合理关系。

四

任何一种信仰都是为文明所笼罩，不容我们描摹污浊之辞。它终将化作一种精神的追求，渗入无限的思维向度里，扩展成偌大的空间体系，不断自我修复与完善。

中东铁路高级住宅

圣母帡幪教堂两侧陈列着两口大钟，是“文革”时期的幸存之物。其中一口大钟重达一点三吨，一八九〇年在莫斯科铸造而成。它们犹如自然界中流离失所的生命体，几经周折，回归母体，承担起推波助澜的作用。

这口大钟原是圣·尼古拉教堂的偏钟之一，“文革”时被流落在外。东正教堂恢复开放日的时候，掌院司祭朱世朴几经波折，四处寻访，最终从一个工地找了回来。

如今教堂内部陈列的许多圣物，大多在“文革”期间丢失过，都被朱世朴找回来安放于此。二〇〇〇年九月，掌院司祭朱世朴去世，至此再无新的司祭主持教堂的活动。

教堂的正门耸立在钟楼之下，踏过几级台阶，便可通达正厅。正厅明朗宽敞，可容纳二百人同时进行宗教活动。正厅内设有十二根圆柱，依附墙壁之上，粗壮的柱身林立于正厅内，仿佛古希腊建筑体上的多立克柱，通体上下流露出阳刚之气。

门左侧立有巨型十字架，上面安放着耶稣受难像，其余圣画像依次排开，并有大小不同圣物有序排列。穿透窗子射入的光线，与厅内的灯光所构成的交织面，它庞大的光源将整个厅内点亮。

教堂深处，涂以紫檀色漆料的隔扇后面即是天门所在。每逢礼拜日，掌院司祭开启天门进入圣所，为众生祈福。整座圣所覆盖在拱式的天花板下，并以庄严肃穆的态势呈现在众人面前。

一些现实的影像透过窗棂处的光线投射进来，分散到厅内的各个角落。天花板上镶嵌的材料于岁月的光影下，不时发出细碎的声响。教堂的墙壁四周贴有不同颜色的壁画，判断不出新式与陈旧的差别。

虽然教堂没有掌院司祭主持活动，但每逢宗教节日，信徒们照常来这里举行宗教活动。圣母帡幪教堂作为中华东正教会哈尔滨教会所在地，它依然以“文革”后对外开放的第一座东正教堂而享誉中外。

五

福西永在文章中曾指出：“艺术作品根据自己的需要来处置空间、定义空间，甚至创造它所必需的空间。”一件艺术品犹如一座生命体矗立于空间之中，并非所谓的被动存在，而是与自然界紧密相关、融会贯通的。

圣母帡幪教堂作为一定的空间存在，它在竭尽全力地履行自己的职责，将整个空间所投射出来的影像，融入到自然界当中，从而使信徒们产生强烈的神秘感，以达到传播并反映宗教观念的目的。

哈尔滨街景

雪中的教堂依然美丽壮观，白色的雪花裹满教堂的周身，不断发出窸窣的声响。偶有鸟儿掠过，受惊般地停留片刻，又飞离教堂的顶端，留下两只清晰的脚印，瞬间被雪絮填平。

一些断片似的思维与雪汇聚到一起，试图在残缺的基础上，寻到曾经消失的踪迹。然而所有的陈腐都深藏岁月深处，在亘古如斯的阳光下，通过光线所折射出来的温暖，来证明它真实的存在性。

我仿佛看到那个白雪遍布的空间内，不断有人进去又出来，他们穿梭于白茫茫的树林中，目光中裸露出不一样的虔诚。无论是信徒还是参加礼拜的人，他们都是教堂的来访者，是探索其背后故事的人。

空气中散发出金属的气息，十字架在阳光的作用下，发出尖锐的呼喊。一些流动的光线，形成狭长的纹路，并不断扩展开来，构成光源的折射面，波及整个时空领域。

教堂左侧的坟墓阵列于雪地中。此起彼伏、大小不同的凸起林立其间，仿佛黝黯世界下的生灵，透过时空的向度，感受真实世界所带来的思维存在。

祈祷所矗立在风雪中，临街的门已阻挡不了它们的入侵。雪片飞舞着席卷三面镂空体，并于窗棂的弹力作用下折返回来，沉重地击打在地面上。透过窗棂，圣母像和烛台依稀可辨。

整片区域被树林所包围，树林旁边的路上跑过急驶的车辆，和匆匆的步履。白皑皑的雪堆满树木的根部，积压到人行道的中间位置，将铺路石层层围住，覆在自己的躯体下。

旧时的影像于现实中穿行，如同匆忙的生命体，试图寻求安居的场所。它们在必需的空间内，形成一种幻象的表达，以自己的方式，将断片似的文字聚集到一起，沿着已经消失的足迹，来证明它们曾经停留过。

第二卷　文脉深处

门旁的老树，在这个夏日的午后，洒下稀疏的影子。仿佛彼此交缠的藤蔓，于光线的折射下，将羞涩的图像，投影在大地的屏幕上。顷刻间，一种异样的情感困囿我的思想范畴，逐渐氤氲成满腔的思虑。

院落深处的世界

一

门旁的老树，在这个夏日的午后，洒下稀疏的影子。仿佛彼此交缠的藤蔓，于光线的折射下，将羞涩的图像，投影在大地的屏幕上。顷刻间，一种异样的情感困囿我的思想范畴，逐渐氤氲成满腔的思虑。

作为哈尔滨人，我曾在鞍山街上来往多次，从未关注过这座老式院落，以及居住在这里的人。我在大地上行走，思维宛若游走的蠼螋，在曙光与暮光之间处于深居状态，与这座长在大地上的老建筑体，未能建构起任何的交织面，这不能不说是一种遗憾。有幸的是，得这样一次与之相遇的机会，于我也算是种慰藉吧。

院落的对面是条狭窄的马路，停泊许多车辆，过往行人却寥若晨星。他们多是匆匆而过，甚至不舍多占用一点视觉区域。富有节奏感的脚步声，由远及近，在马路上叠加成空旷的旋律，不时唤醒斑驳的颤动，或是空气中的风声。

目光在院落四周盘旋，并不断搜索记忆中的影像，却始终未能找到似曾相识的感觉，哪怕是一星半点儿。这座院落却真实地呈现在我面前，它如同一位耄耋老人，在炎炎烈日之下，攫取暗长的影子，似乎将全部的苦难抖落干净，或把曾经的故事和盘托出。

如果把历史和建筑，尤其与这建筑紧密相关的人联系起来，那么透过这段历史与建筑的表象组合，我们便会体悟到人类知觉活动的醒悟。仿佛一种无形的力量，将我们狭隘的视野拓展开来，呈现出充满力量的思维体系。

二〇一五年八月十日下午，我们一行人来到哈尔滨市南岗区鞍山街二十三号。这是一座封闭式院落，四围筑起厚重的院墙，墙头上附以层层丝网，只有两扇小铁门可供进出。整座院落从外观看并不独特，四周间或流露出晃动的暗影，宛若一座森严的城堡，给人以庄重肃穆的感觉。

原本约好三点半车子到院外等，但到了院墙外，铁门紧闭。门口的警卫通过铁门上的小窗，递来惊疑的目光。在得知事情的原委后，他如释重负般抛下一个温润的笑容，让我们稍等等，然后关好小窗，将冷铁的气息推向院外。

这座院落里住着李敏老人，她是东北抗联战士中至今尚存的也是最年轻的一位，已经九十三岁。但身体硬朗，耳聪目明，自退休之后，依然在为传承东北抗联精神频于奔走，用实际行动进行大力宣传，鼓舞每一个孱弱的灵魂。

任何事物，在初期给人的感觉，都是一种表象的判断。也只有经过深入的探索与研究，才能透过表象，从中悟出本质所在。

二

当目光穿过浮动的图像，面对建筑体存在的方向，我看到所有的一切，都在阳光下炫耀般地闪烁。那些被燃亮的实存体，周身上

李敏老人

下悬挂着灵动的光源，仿佛焕发生机与活力的有机物，在光亮的映衬下，摒弃掉暗影下的灰暗。

随着嘎吱吱的声响，警卫员终于推开那两扇幽闭的铁门，迎接我们一行人。在脚步踏入门槛的瞬间，光线借着晃荡的影子，停留在空间的向度里。摆在我们面前的一切，既如此熟悉，又相当陌生。

院落门口设一警卫室，有两位身着警服的年轻人伫立在门旁。他们威严若松，昂首挺立，刚劲的躯体渗透出理性的光辉，它所折射出来的深度效应，在我的视觉内逐渐扩展开来，形成一个庞大的感知区域。

偌大的院落里，林立着稠密如林的碑文。午后的阳光，在阴暗交织的过廊里，投下灰白相间的影子，映射到纵横交错的碑文上。那些清冷的感光效应，通过石头平面反弹回来，瞬间发生物理变化，在错乱冗长的氛围中，不断冲撞我们的意识领域。

接待我们的是一位跛脚的中年男人，五十多岁的年纪，花白的发丝在阳光的映衬下，闪动着耀眼的光芒。他话语不多，笑容里透着温润，一拐一拐地走在我们身侧，把稍显宽敞的路径留给我们。

一幢矗立在路径尽头的老建筑，悄无声息地映入我的眼帘。其通体上下黄白相间，窗子一律铁艺装饰，多种花草交错其中，散发出自然古朴的味道。建筑体正门高耸，粗壮的柱石立于两旁，下设四座石狮，两两并排，蹲坐在入口的台阶上，尽显庄严之风范。

古时官员或富裕人家，在建造房屋的时候，通常会在门旁设有两座石狮。根据佛家理论所言，释迦牟尼出生时，声若狮吼，这是在门两旁设石狮的根由之一。左为母狮子，微闭嘴巴；而右为公狮子，张开嘴巴。公狮子张开嘴巴意在招财，母狮子微闭嘴巴则是在守财。这是两座狮子形象不同的一个根由。

至于这四座石狮子，存在的根由究竟为何，是否如传说中所言，我们已经无从考证。

林贤治曾在文章中指出："建筑给人以强烈的空间感。它的有限性、稳固性、可控性，实在可以作为国家的象征。" 倘若我们透过建筑体的表象，将求索的触角探入根部去，我们便不难判定，每一根线条及平面的组合，都存在一定的思维理性。也就是说，建筑体本身，在稳定与有限的基础上，被赋予一定的象征意义。在完美与残缺之间，保持内在的张力与属性平衡。

三

这是一座政府高级住宅，始建于一九三六年，砖木结构，属于折中主义建筑风格。它每一处线条的构成，都力求在表达上缔造完美，在此基础上推陈出新，不断完善。

据有关资料显示，砖木结构建筑，在我国中小城市极其普遍，其造型单一，选料简单。建筑体的墙和柱由砖块构筑，房屋的地板及举架则由木料来完成。建筑整体看上去简洁大方，和谐美观，楼层以一至三层为宜，举架较普通房屋偏高。建筑整体宛若一座由木料与砖石堆砌的古堡，折射出曼妙的光辉。

折中主义建筑风格，兴起于十九世纪到二十世纪，风靡欧美。其自由组合多种建筑风格于一体，随性奔放，不受约束，又被称为模仿主义建筑。

这座建筑体正门高大，呈半拱形布局，拱形四周勾勒出均匀凹槽，正中被雕饰物分割成相互对称的两部分。拱形两侧并饰有圆形花雕，花雕上附雕饰结带，分列两旁。越过游动的光线，似乎有一股田野的气息扑入鼻翼，并不断触动大脑神经，构成强大的视觉效应。

同行的人忙于拍照，尤其正门旁那块金色牌匾，在快闪的帮助下，不断被装入相机体内。金色牌匾上附"黑龙江省东北抗日联军历史文化研究会”字样，落款并附有“二○一三年十二月七日”。透过刚劲有力的文字，这座有故事的生命体，逐步走进我们的视野，打通我们神经的隧道。

建筑体正门呈暗棕色，上方嵌有花瓶状雕饰，两旁镶有花状物。花状物在花瓶两端形成对称体，如同两枚错综盘旋的植被，生长在石状的土壤内，于近百年的风雨中葳蕤茂盛，顽强生长。

正厅内一律落地长窗，并铺有木质地板。地板的光亮度极强，在阳光的映衬下，宛如明晃晃的镜子，将不同形状的零散的光源，弹回到室内的墙面上。同时一些光的碎片，又被重新拼贴组合，形成更大的交织面。

我由人体的空隙中，看到飞舞的气流被锁在室内，无法动弹。午后的炎热充斥着每个角落，以及立在这室内的人，他们于地板上来回走动，目光扫过室内的每片区域，变得漫漶不清。

李敏老人在会客，我们也趁此时机仔细研究起这座老建筑来。室内左侧墙面上，一幅乐谱吸引我的目光中，歌曲的名字为《哈尔滨，英雄的城市》，李敏词，张智深曲。刚正不阿的字体，和跳跃的旋律，如同明晃晃的火炬，跌入我的意识流中，不时地撞击我体内奔涌的血液。

四

阳光的影子，如同一面巨大的日晷笼罩过来，使得置身这片拥挤地域的我，变得越来越渺小。尤其在这座老建筑体及林立的碑帖面前，我的出现显得那么微不足道，仿佛一颗星，或者一株草。

“刘颖大姐来了！”我的思绪被江洋先生的呼声拽了回来。随即一个身影从门旁闪入，她的脸庞在阳光下，闪耀着激动的光芒，声音里流淌出跃动的音符。

哈尔滨市街

刘颖是江洋先生请来的朋友，更为巧合的是刘颖的母亲与李敏老人，曾经同在哈尔滨被服厂工作。她便是《忠诚》一书的作者，书中主人公的原型，即是她的母亲。

刘颖现年六十三岁，本不是东北人的她，为《忠诚》一书四处奔走。先后去过辽宁、吉林以及黑龙江等地，为著书搜集大量的资料。正如她所说，母亲一些经年的积累，似乎早已陈旧不堪，但文字的存在，终是可以喂养出新生代的精神。

她的目光中流露出耀眼的光，笑声从口中滚动出来，宛如建筑体顶尖所投射的影子，覆盖整个空间区域。

据刘颖介绍，她很早便与李敏老人相识。老人原名李明顺，又名李小凤，朝鲜族。一九二四年出生于黑龙江省汤原县梧桐河东屯。十二岁那年，她的全家被敌人杀害。残酷的现实咆哮着穿过她的家乡，甚至碾压她幼小的心灵。也是这时候，她遇到被毛泽东誉为“革命之父”的李升，从此引领她走上革命的道路。

一种令人灼烧的疼痛，在我体内盘旋开来。由声音所传达出来的影像，变幻出不同的形态，在血液的驱动下，形成一个个庞大的物体，不断冲撞我敏感的神经。无论它停在哪儿，哪里的血管都会被涨开。

这种发狂般的疼痛，一直延续着，并不断腾跃出各种幻象。

一九四三年，坚强的女孩遇到自己心爱的人，在领导们的见证下结婚成家，有了属于自己的小天地。她的爱人陈雷，即黑龙江省原省长。夫妻二人比翼双飞，为革命事业，用实际行动书写出绚丽的篇章。

时间足以阻挡一切，再透过泛白的布景，将所谓的琐碎重新组合，构建起平淡的幸福。

会客厅里极其安静，安静得可以听到凝重的呼吸声。这些呼吸声，在空气的传播下贴上棚顶，继而扩张开来，传递出很远的距离。

它们又仿佛在逐渐分流，在棚顶，在地面，以及一切可以抵达的空间向度。

它如同一种精神的递延，隐蔽时光之中，在世间不断成长。

就是在这样的氛围中，李敏老人大踏步走进会客厅。她面带微笑，步下生风，一招一式尽显大将风范，此情此景更证实其“李快腿”之名并非虚传。

五

在时空交叠的理性逻辑中，所谓的因果都会土崩瓦解，一切苦难也将裸露出陌生。支撑精神存在的钢铁之躯，在某种程度上，使境遇变得参差不齐，支离破碎。

那天的李敏老人上身穿绛紫色衬衫，胸前别一支钢笔，下身穿绿军裤，整齐的短发，显得精神干练。老人从走进会客厅，再到落座后交谈，一直面带笑容。阳光慢慢地移动，映射到老人红润的脸庞，瞬间打破空间的透视维度，使整个交谈过程变得简单且凝重起来。

据老人回忆，当年在走投无路之际，遇到李升，李升带着她上山找到革命队伍，并一同编写歌剧《革命人永远是年轻》。作为引导她走上革命道路的人，李升无疑是座活着的灯塔，不仅指引她参加革命，更让她的人生道路注定不再平凡。

作为地下工作者的李升，当时隐姓埋名，东奔西走。记得一次为躲避日军追赶，化作霍乱病人，逃过一劫，后来以此为背景创作出《红灯记》，其中跳车人的原型便是李升。他一生为祖国、为革命事业英勇奋斗，九十多岁去世，留一世英名。

总会有一种精神，在饱受磨难之后渗透骨骼，乃至全身，并不断传递下来，比花香之都的气息尤为浓烈狂热。

李敏老人的声音，在会客厅内逐渐扩散传播，迂回的声调洋溢出热烈的情感。但她眼中渗透出深邃的寂静，仿佛远古的断片，被一一翻找出来，一桩桩，一件件，再次摆放到众人面前，看上去清澈低沉。

加斯东·巴什拉在他的文章中曾经说过：“火苗对于孤单的人来说就是一个世界。”对于李敏老人来说，“革命之父”李升即是一团跃动的火，在其人生的低谷期，挖掘出内在潜力，使之永无穷尽的光芒得以发亮。

一束光如同火箭般穿透墙壁，将其割裂成均衡的两部分，光刀横亘当中，俨然黑白两个世界。

墙壁的上半部分涂以白色调，靠近棚顶部分均配以半拱形雕饰，间或有小浮雕做配饰，看上去简洁大方。下半部分涂以淡黄色调，不同形状的几何图形交错相间，散而不乱，流露出古典建筑风格之气势。

在光线的映照下，我仿佛看到年轻时的李敏老人，与爱人一起伏案工作、埋头苦干的场景。即便月悬高空、风起云涌之际，穿过团团云雾，我依然能够看到另一片高远的天空。

六

有灯光的地方，就会有回忆；有烛火的地方，就会有希望。哪怕这光源极其微弱，微弱到只够用来遐想，但它终归还是存在的，总有一天它会溢出来，并拓染到黑暗之上。

一九四二年二月十二日，赵尚志将军牺牲在梧桐河附近。他牺牲后，头颅被敌人割下，之后便下落不明。在近六十年的光阴里，李敏老人一直寻找他的头骨。一次偶然的机会，她从一位日本女学者处打探到赵尚志将军头骨的下落，并于二〇〇四年六月二日在长春净月潭起灵，经中央决定于二〇〇六年十二月八日，将赵尚志将军的头骨安葬在其出生地——辽宁省朝阳市尚志乡尚志村。

积极的思想，总是能够丰富人的精神。我们珍爱一切薄弱的东西，或者我们用心去接纳黑暗中的火光。或许我们无须去歌颂或是赞扬什么，这种坚持不言败的精神，就是一种传承的最好表达方式。

一段又一段鲜为人知的历史，由李敏老人口中传递出来，与这座老建筑浑然一体，强烈地震撼我们的心灵。

在老人提议联系宣传队表演节目之际，我们再次来到院落中，品味历史与现实碰撞的过程。

靠近正门右侧，有一暗红色大门，上写“安之居”三个大字，门柱两旁设有对联一副。上联：清心自得田园趣；下联：陋室常闻翰墨香。对联前面分设两座石狮，一律张大嘴巴，威风凛凛。

大门上方设有门廊，其上为一长方形明窗，最顶端呈半拱形，半拱形四周附有五个均等凹槽，内置植物状雕饰。白色植物状雕饰，与之毗邻的树叶遥相呼应，白绿相间，形成鲜明的光感效应。

半拱形圆窗最上方，黄色调植物雕饰映入眼帘，整个雕刻艺术丰满圆润，风格别致。宛若麦穗状相互咬合、首尾相依，并在正中部分打个结。雕饰的中部附有“1936”四个黄色阿拉伯数字，数字上方置一碑状物，并附雕镂艺术，看上去典雅大方、风格独特。

这一串数字，犹如影像刻入我的记忆，更是一幅别样的风景。它让我体会到在原初与现实之间，有种美是根深蒂固的，即便经风历雨，依旧傲然生长。

七

踏上楼梯，越过午后薄雾似的光线，一些游离的粒子相互碰撞、彼此交缠。安之居的二楼面积并不算大，我们的到来几乎挤占所有的空间，让原本相互交织的气流，变得异常拥挤起来。

室内墙壁四周悬挂大小不一的条幅，多是有关抗联的宣传资料，或是一些字画。靠近中段部分，一只瓷碗被陈列在玻璃柜子上，柜子下面是条毛毯。瓷碗呈灰白色，边沿处偶有裂痕。

暗淡的光线打在瓷碗上，又被硬生生地折回来，流露出暗弱的白色调。瓷碗看上去不光滑，而是略显粗糙，许是用得太久的缘故，上面有明显的划痕。它仿佛一只古老的珍品，安静地躺在玻璃柜子上，等待目光的抚摸。

据刘颖介绍，这只瓷碗是当年赵尚志将军随身携带用来喝水的，毛毯是他用作取暖的。两件遗物被陈列于此，一方面表达李敏老人对老领导、老同志的缅怀；另一方面，则体现出两物件的珍贵之处。

刘颖的声音里渗透出沉闷的味道，这种沉闷只有深谙历史的人才有。作为“红二代”，她是与历史息息相关的人。对于老一辈，她更怀有深深的痛惜之情，这种情感不是三言两语能够解释清的。

泪光在她的眼中闪动，蒙胧中掠过那只瓷碗和那条毛毯，所过之处藏着深切的怀念与感恩，并伴有凝重的叹息。我感到这两物件是有生命的，它们仍然带有将军的气息，即便时空相隔，那气息中依然流淌着逝者的体温，以及那个年代的风云变幻。

穿透历史的烟云，我看到它们随同将军辗转战场、寒更露宿的场景。东北的极寒天气里，将军把身子裹在毛毯里，用以抵御寒流的侵袭。北风的嘶吼打破夜的宁静，盛满清水的瓷碗放在炕沿边，结满厚厚的冰。

夜色更浓，门外响起树枝落雪的声响，犹如闷雷滚滚而来。

或在某个特别的夜晚，将军身披毛毯坐在椅子上。目光于地图间徘徊，久久凝视。那只瓷碗依旧盛满水，安静地立在桌面上，犹如站岗的哨兵，昂首挺胸，岿然不动。

如今，这两个珍奇的物件摆放在这里，它们带着历史的体温，如同刚刚走下战场的老兵，将一种精神传递到这个年代，更传递到每个人心中。

八

每个特定的场景，都会引起特别的情绪，用以填满那些裸露的罅隙。再于填平的地带行走，走过山冈，走过低谷，走过每片所能到达的区域，在深邃的目光中，体会那种清澈见底的深沉。

匆匆赶来的宣传队员们，已经换好服装，摆好造型，准备开始表演。第一排队员扯开条幅，“浴血奋战十四年的东北抗日联军将士”，这几个大红字异常醒目，字的下面附有英雄将士们的照片、职务及姓名。杨靖宇、赵尚志、周保中、李兆麟、李红光、魏拯民、冯仲云、张兰生、夏云杰、陈翰章、赵一曼、冷云……越过时光之墙，他们依然目光如炬，英姿焕发。

一曲《战友啊，你在哪里》回旋于音乐声中，队员们的表情流淌出凝重，如同远古的凄凉与怀想一并涌来，涌入这祥和的世界，让我们共同感受那个年代的悲苦。

在这深情的呼唤声中，我听到背后有小声的啜泣，由远及近，敲打我的耳鼓，扯掳我的血脉。我不敢抬头，而是试图用意识割裂它们，使之小声点，再小声点，以免攫取我单薄的思维，让我的肉体连同灵魂，融化在这片声音的低沉里。

那声音在凌乱的脚步声中跑了出去。我依然不敢抬头，不敢去直视某种存在。思绪若潮水般翻滚，它披着狭长的衣袍，企图在闭抑的空间内找到出口，但又有更多的浪潮涌来将它湮没，直至湮没在动荡的抖颤之中。

我感到这间会客厅是如此之小，小到无法承受波动的思潮。又仿佛一切都置于容器当中，每一处细微的波动，都将是致命的伤害。

建筑体在歌声中变得朦胧起来，一些呼喊声此起彼伏，穿越宁静的空气扑面而来。这声音撞击着它的躯体，不断撕扯它的神经，让它在感知的领域内拼命喘息着。

情感在歌声中奔跑，形成庞大的意识体系，击打着每一个血肉之躯。它们眼中的幻象世界，宛若巨大的投影，折射到现实中来，相互影响并制约着。

《露营之歌》作为最后一个节目，被再次搬上现实舞台。李敏老人化身炊事班长，正逢新年夜，为战友们送来礼物——乌拉鞋。燃烧的篝火，映红战士们的笑脸，他们在篝火旁取暖，每一枚跳动的火焰，都是一波流动的思维。他们盼望战争的胜利，更盼望“火烤胸前暖，风吹背后寒”的日子早些过去。

一幕幕震撼人心的场面，如同历史的片断缩影，回荡在现实世界的时空中。又似摄影师镜头下的影像，掀起一波又一波幻象的狂潮，任何人都无法模仿或创造出来。

九

建筑体逐渐隐匿于夕阳的余晖中，那些场景的影像，也被储藏在我们的思维存储器内。它们在时空交叠中，构建成庞大的群体意识，并不断扩张壮大，形成一幅完美的图像集。

我们踏着傍晚的清凉走出会客厅，穿过丛丛碑林，将那些声音掩入时光的腹地。一些文字在脚掌间穿行，“辉煌战绩百世传扬”“庭院常飞抗联曲”、“东北抗日联军辉煌战绩”。这些嵌入碑石的文字，宛如跳动的焰火，在落日的余晖中，显现出耀眼的光芒。

墙体处裸露的柱墩，在暗淡的景象中，流露出喑哑的态势。它们每隔一段距离，便会长出一根，健壮的体魄和粗劣的外表，看上去与这建筑体极不协调。或许是年代久远的缘故，其根部长满青草，在日薄西山的罅隙里，呈现出亘古的静默。

院落里除了碑林之外，再就是郁郁葱葱的树木，以及大堆的青草。更有些泛黄者，点缀于一片青绿中。这自然的形成，犹如天然的点位，无形中构建成与众不同的景象。

我们合影留念，并在李敏老人和宣传队员的陪同下，走向院落的小铁门，走出这座飞出抗联曲的院落，和他们道别。

“你们有空儿常来哟！”李敏老人与来人一一握手道别，叮咛常来做客。她温润的目光里流淌着慈祥，深情的话语中透露出长者的威严。

我们跨越铁门，走出这座矗立于时光之中的建筑体。踏上车子的瞬间，李敏老人和宣传队员们依然立于门外，不断挥手告别。他们被车子甩在身后，并在向晚的日光中不断缩短，缩短成焦点的模样。

虽然离开院落，那些斑驳的暗影仍旧在心底盘旋，飞出激荡的乐章。连同锈迹斑斑的日子，被湮没时空之中，成为苏珊·桑塔格笔下的图像，并折射出另一个不为我们所熟知的世界。

透过这些浮动的影像，我仿佛感觉到某种精神，如同老宅刚劲的脊梁，正如火如荼地强大起来。无论是硝烟弥漫的战场，还是冰雪寒露的岁月，它都刚直不屈、傲然屹立。即便踏越时空，依然传承不懈。

萧红：在薄暮中沉寂

一

坚实的文字，让我感受到时光瞬时的滑落，那些昔日的华美，被岁月侵蚀得锈渍斑斑渐次陨落。徒留一副孤老的躯壳，于风雨中蜷缩、残喘着。它承载着历史的变迁、岁月的更迭，又逐渐被抛入现实之中。

如今的东兴顺旅馆，成为历史保护性建筑，被老玛克威商厦挤占整体空间，唯独二楼的老屋孤立其中，保留着近似原本的面貌，安守一份怡然与祥和，这就是一代才女萧红的落难处。

时光的水流漫过历史的堤岸，不断抽打我紧张的心绪。穿越时空的离子，我将它们置放某个安稳的港湾，小心翼翼地踏上历史的点位，去感知一座生命体存在的温度。

这里的商户挤挤挨挨，几乎占据过道的空间。在我的意识中，这些长期驻守在此的人们，对于二楼的老屋，肯定人尽皆知，就如同熟稔自家的物件。然而每一次探索似的询问，声音还未曾落下，就被撞墙般弹了回来。那些摇摆的头颅，宛若夸张的影像，灼痛我每一根兴奋的神经。

一位儒雅绅士的商户，在我踌躇满怀之际，撞进我的视野内。一种前所未有的感知效应，触动我急于探寻的思维，这一切仿佛在告诉我，他应该是知晓某段历史的人。

“您好，您知道萧红陈列室吗？”我的询问似乎打断他的思绪，他目光如炬般环视一周，继而又定格于某种游离的状态，黯淡下来。

“实在不好意思，我还真不清楚。”他歉意的笑容，瞬间固化成空气中的石头，碰触我满满的信心。

令人费解的是，身居这幢楼里，他的呼吸或许会与历史的声音擦肩而过，又或许在某个时点上，发生激烈的振荡。然而他却不清楚这现实与历史的交汇处所隐藏的秘密，就如同身处其中却不知晓远古中图谶的存在，这不能不说是一种悲催至极的事。

“去二楼商管处问问，他们应该知道。”一个女声由远及近，传入我的耳郭，顷刻间扩散成寒冬中的暖流，逐渐遍及周身。我原本僵化的表情，就像被注入血液般变得温热起来。穿过波动的光线，我才找到那个声音的源头。那是一位看上去五十岁左右的女士，面容中透着机敏，机敏中带着善良。

机遇总是在最低限度的空间存在，并在扩张的区域里，形成某种情感的源头。

二

在林立的欧式建筑群体中，位于道外区南十六道街的这幢两层小楼，流露出孤独、沧桑之感。其羸弱的身躯，在寒风骤雨中裸露，仿佛一位佝偻脊背的老人，矗立在这条老街的一隅，端详着匆匆的步履、忙碌的人群，以及那些已经发生和即将发生的故事。用它期待的目光，抚摸每一处单薄的土地，渴望阳光的温暖。

东兴顺旅馆

这是一幢典型的中华巴洛克风格式建筑，突出的外体结构和大幅度的曲线设计，无不彰显出巴洛克建筑的风范之美。巴洛克建筑兴起于十七世纪的意大利，建筑风格大方舒展、豪华典雅，极富浪漫主义色彩。在建筑主体上，那些交相错落的曲率、夸张的弧度设计，以及色彩艳丽的外体描绘，为建筑体的豪华提供一定性的可能。

而这幢两层小楼，建筑整体流淌着异域风情的精神因子，华美与雅致并存。透过外形的构造及窗子的设计，我们能够想象得到它曾经的装修，是相当豪华大气的。大跨度的曲面与圆形穿插在整幢楼体中，呈现出视觉上的冲击及动态美。整座建筑体灵活通透，一律采用中西合璧的构架方式，即西洋柱式，再配以中式装饰。并在色彩搭配上，融入中式传统文化与习俗，以及东北特有的地域风情，使建筑整体上富丽堂皇、华丽十足。

这座大气典雅的老建筑体，矗立繁华与喧嚣之中，已经历尽百年之久。越过历史的云雾，与现实因子的交汇点，我看到的不仅仅是它沧桑的历史，还有辗转奔波的命运。一如萧红那个才情与个性兼备的女子，在经过时光的打磨之后，依然傲立于世俗的风烟中。

二〇一四年十二月的那个午后，我循着冬天的脚步，踏上这片喧嚣与嘈杂并存的区域，用现代的眼光去探寻历史的踪迹。

老屋极其隐蔽，想要通达其中，必须经过玛克威商厦半条商业区。穿行在一片杂乱无章中，我整个人的思维也陷入混沌状态。一些条理分明的思绪，看上去变得慌乱起来，与此起彼伏的聒噪声，形成明显的对峙面，构建成僵持态势。

我感到躁动的气流扑面而来，瞬间形成巨大的网罩，将我的思维与身体固化起来，仅裸露出点滴的锋芒，用以感应存在的真实，或是某种符号似的压缩。

碍于这种压迫的局面，我急着找到精神的突破口。

林贤治曾在文章中指出：“历史有神的启示，历史是艺术的母亲。”透过简洁的文字，我看到文字背后的景致，以及那种由外至内、由眼至心的精神高度，正透过时光的隧道，刺痛我脆弱的神经。

三

以错落的老街和欧式建筑为主体的老道外区，是哈尔滨的招牌区域，更是一张跃动的城市名片。那些富有异域色彩的街道、建筑，无不彰显出这座城市的历史与文脉气息。尤其楼体建筑的窗子，透过流动的光影效应所折射出来的线条，和参差不齐的楼顶，即便时光推移百年之久，仍给人以超强的震撼力和神秘感。

经有关资料考证，早在中东铁路修筑之初，沙俄建城是以香坊区的田家烧锅为据点，逐渐向秦家岗及埠头区扩张区域面积。当时的哈尔滨有“大小”之分，分别是由田家烧锅、成高子镇以北的莫力街等地构成的，具体划分已无翔实记载，但就其成因来说，如同岁月攀爬后遗留下来的痕迹，与当时的历史背景有着丝丝缕缕的关联。

而傅家甸作为老道外区的前身，在哈尔滨的形成与发展过程中，起到举足轻重的作用。但它久远的传闻及历史，却又存在着多个版本。据传早期的傅家甸，被称为马场甸子，亦称傅家店，原本是松花江岸边的一块沼泽地，常年泥泞不堪，鲜有人留居于此。不知从何时起，有三两渔民栖身此处，天长日久，便来了许多逃难的灾民。他们大多以打鱼为生，搭起小棚子，生火做饭，便是一居住处。

又有民间传说，清乾隆十一年，山西人傅振基被恩准落户为民，而后又相继有几十户人家落户此处，当地人习惯称他们为“傅家”。在几十年的辛苦经营之后，这一带泥沼地渐渐平复，随之建构成较大的居住区域。车水马龙，人口稠密，并日渐昌盛起来。大约在一九〇三年后，傅家甸声名远播，成为松花江岸边一处较大的集散地。

事实上，沙俄在借筑路之名侵占东北之际，傅家甸并未被列入征地范围。由于秦家岗、埠头区等地均在沙俄掌控之中，当时由关内涌来的大批灾民，在无处可奔的情况下，多落脚傅家甸。这也是傅家甸壮大及形成中国百姓聚集区域的主要原因。

早在日俄战争时期，傅家甸便流露出商业迹象。一九〇六年五月十一日，第一任道台杜学瀛到任之际，在其不断努力的情况下，于一九〇七年一月十二日，哈尔滨商埠公司在道外区圈儿河成立。它的成立，为这片区域的发展奠定了坚实的基础。

直至一九〇八年一月，何厚琦试署滨江厅江防同知一职，自觉傅家店的"店"字，不如"甸"字意广，于是改傅家店为傅家甸，从此，傅家甸之名逐渐延续下来。

当时的傅家甸整体区域连成片状，为扩大经营需要，一些欧式建筑也拔地而起。且在不断发展的同时，引进大量外域元素，使傅家甸这个人口聚集、商业繁荣的片状地域，成为与哈尔滨并存发展的一道风景。

四

午后的阳光，宛若一条条金色的小蛇，穿透窗帘的纹路，在空气中缱绻流动。它留下的光影，瞬间暖化了老屋，也拨开历史的门楣。那些思想的幻化于光线中竞相舞蹈，或是打开尘封书本的故事，交叠般涌来，渴望绽放出理想的花朵。

商管处的管理员是位四十岁左右的女士，她在得知我来意的情况下，找出抽屉中的钥匙，打开二楼的房间。在房门开启的刹那，我才看清房门左侧悬挂的牌子，"萧红纪念陈列室"几个大字跃入

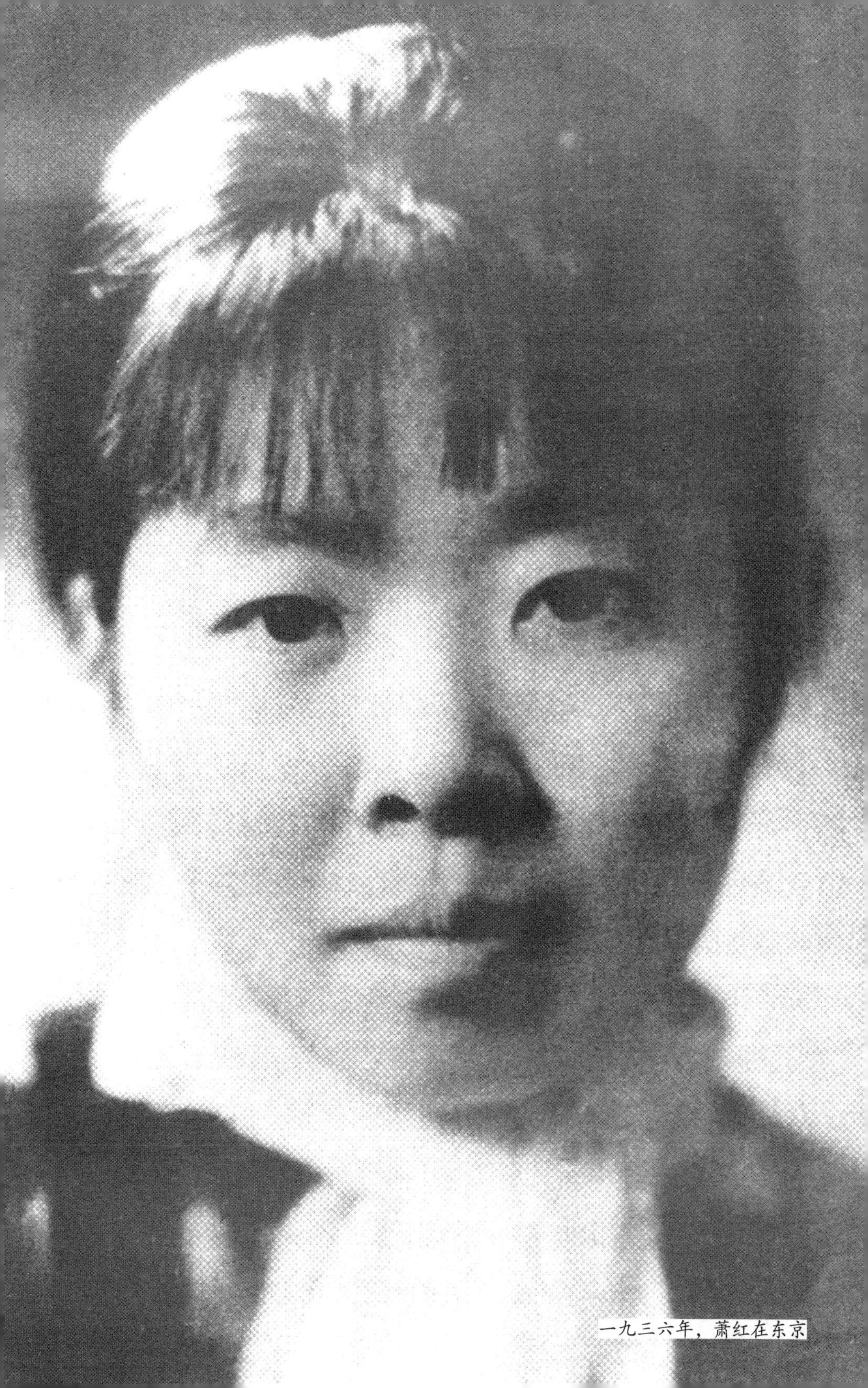

一九三六年，萧红在东京

眼帘。它的出现宛如岁月的裙裾，在平静祥和的年代里掀起思维的狂潮。

拉开窗帘，一扇直抵屋脊的窗子，窗子外镶着狭窄的阳台。铁栏已经断裂斑驳，仿佛刚刚从岁月的熔炉中打捞出来，与温润的阳光形成不甚搭调的组合。老屋大概十四五平方米，狭长、低矮。空气中弥漫着过去与现实的细微事物，分辨不清，又欲一探究竟地裹挟着思绪。

木质结构的窗套子，临近屋脊的部分呈半圆形散开，涂以绿漆。一扇接地木门，散发着木香，与窗子成为这间老屋唯一的光线来源。棚顶两盏老式圆形吊灯，弥散着渺茫的光，于动荡中诉说着上个世纪古老的故事。老屋不大，空间逼仄至极，给人压抑的感觉。但因着这个初冬的午后，天气并不冷，幽深且静谧，当历史与现实充盈老屋之际，胸中的欢喜还是跳将出来。

老屋北墙的正中立着萧红的头像雕塑，铜架坚实、质地尚好。她齐额的刘海儿发质浓厚，透着青春气息。右手紧握一支笔，目光凝视前方，流露出青涩与柔和。沿着笔尖流动的光路，我好像看到年轻时的萧红，从东北一路向南的人生轨迹，和颠沛流离的生活。那时那境，她已不再是那个绕于祖父膝下、肆意撒娇的孩童，也不是那个顶着酱帽子、踉跄独行的淘丫头，更不是那个叛逆十足的张家小姐。而是以自己的倔强和一支开花的笔，在浓密的雾霭中，打开一条人生之路的文学洛神。

雕塑两旁摆着塑料花束，艳丽且精美。左右衬以挽联，上联：东兴顺困居才女沧桑留足迹；下联：玛克威静化老街历史谱新章。下联右下角为，贺萧红纪念陈列室开馆及年月日等字样。洒脱、大气的繁体书，给人以心胸豁然之感，更为老屋平添一抹靓丽。

老屋的南墙壁悬挂着一组八张萧红的照片，黑白加框，其人生之路由东至西一字排开。几张照片不足以表达太多，却又真实地再现艰难的求索之路。紧靠门的屏风遮挡住外门，标题为《东兴顺旅馆——萧红人生的转折点》，附萧红落难之际以及萧军营救之境况。

房门北侧的东墙，附有萧红一生所走的路线图。迂回曲折、蜿蜒向上，犹如一条攀附上升的直线，又于某处硬生生地断裂开来，直至生命的终点。靠窗处的屏风遮住外面的世界，无论是喧闹的，还是宁静的，都与这老屋相隔甚远，不足为虑。屏风正面系萧红故居的简介，背面则挂着两幅萧红的照片。

朱大可曾在《乌托邦》一书中有过这样的描述："时间就是这样出现的，它在生命囚室绝望的墙垣上成为逼真的布景。"当目光抚过墙壁，我感受到萧红那时那刻绝望的气息，那气息中透着轻柔的聒噪，如同滚烫的热流，在寒冷的季节里，填满狭窄的老屋。

五

我久久凝望，与之四目相对。那张清秀的脸庞凝结着孤独的美，不刻意，不做作，一支笔与灵魂相融相生，迸放出希望的光芒；我又仿佛看到那个多事的季节，当裴馨园带着两名助手打开那扇救援门之际，这双期待的目光挣脱现实的束缚，举起黑暗中的火把，一路求索，将文字在纸墨间碰撞出精美的花朵。那些七彩的片断，足以掩盖生命中所有相生相随的病痛与黑暗。

老屋的阳台，是促使萧红脱离困境的通道，更是她通往新生活的开始。

一九三二年七月，哈尔滨连续降雨二十七天，导致洪水泛滥，整座城市陷入一片混沌之中。肆虐的洪魔几乎侵袭了道里、道外等区域，不断波及南岗地带。道外区江岸决堤，街面只有行船方可通行。东兴顺旅馆连同那个落难中的女子被困其中。

低矮的老屋若云层压将过来，与洪水形成对峙，打破原有的平静。一段又一段水域将老街分割开来，大跨度的弧线让生命找不到逃离的出口。

越过老屋的墙垣，时间仿佛被拓展开来，我感受到萧红的恐慌，如同撕扯船体的蠹虫，击打她脆弱的灵魂。她的目光越过窗子，不断地向外张望，眼神中流淌出来的渴望，如同洪水般越涌越多，越积越深。

我想象不出她当时的心境，但她瘦弱的身子，在这个狭小的空间内，支撑起一种信念，和强有力的呼喊。我轻触墙壁的瞬间，那句“萧红，我来看你了！”终是没能说出口，它如鲠在喉，通达不到她的心岸。倘若能隔空对话的话，我定会与之目光相融，用心传递一份温暖。

萧军的搭救，使萧红的生命明朗起来，由此将老屋抛入历史的

呼兰县（今呼兰区）

洪流中。

“一位母亲带着孩子来看萧红，我接待她们一下。”管理员的话语声，将我的思绪拽回老屋，重重地撞击在低矮的墙壁上，绽裂出灼烧般的疼痛。

“是啊！每年都有许多人来看她，还有许多外国人呢！”由前一句话，引出管理员更多的话。我的目光由她的话语间掠过，重新回归到原初状态。她的话语不多，但逐渐平复我背离的心绪。幸好还有很多人知道萧红，他们也会偶尔来看看她，这足以证明萧红的生命刻录在整个时间的缝隙里，成为无数人生命中无法遗忘的珍贵。

奥古斯特·罗丹在文章中曾表述过：“云海汹涌，天空忽而明亮，忽而风雨大作。自然似乎要受此磨难，才能获得雨露，润泽田野，正如人需经过精神的折磨才能迸发思想的火花。”

萧红短暂的一生，迸发出的不仅仅是火花，而是一团跳动的火焰。仿佛于文学的天空下，被玫瑰染红的耀眼旗帜，引领我们一路前行。而这座老屋，作为其生命路上的载体，既承载沧桑的过去，又衔接渺茫的未来。打开门是过去与现实的交织碰撞，关上门相当于合上一部历史的书卷。即便一切都已过去，唯独老屋矗立于风雨中，诉说着昨天，或是今天的故事。

宁静隐于喧嚣之中

一

印象中的颐园街，一直是扎根银行街与红军街的交口处，整片区域界于铁路四院门口与建设街的拐角处，再上端从未踏足过，更不知真正用途所在。或许在生命的某一时点上，曾接近过那片地域，但记忆的存储器并未唤醒任何感知现象，更无从谈及其他。

北方的春天，空气中夹杂着淡薄的寒意，整座城市被冷风吞噬，不时地迸发出奇特的声响。一些分支街道上偶见被压实的积雪，裸露于砖石与冰面之间，呈现出苍白的主色调。即使探索的火焰在胸中燃烧，未能化为感性的替代，无法涌现出激荡的知觉。

二〇一六年二月二十四日下午，我来到这片隐秘地带，如同裹挟在冷风中的尘埃，在红军街、颐园街和银行街之间奔走。按照日常生活的惯用理解，在这个寂静的午后，渴望感受视觉与心灵的强烈碰撞。

时间在空气中迅速弹跳，不知不觉地，我已由原点又回到原点。顷刻间，空气中凝结着兴奋的味道，一座古朴自然、大气恢宏的建

葛瓦里斯基公馆

筑体，跃动于我寻找的目光中。“革命领袖视察黑龙江纪念馆”，这个硕大的标题连同颐园街一号，一并刻入我的视网膜内。

颐园街一号是全国重点文物保护单位，始建一九一九年，原名葛瓦里斯基公馆，创建人为波兰籍犹太商人——乌拉迪斯拉夫·葛瓦里斯基，并邀请意大利著名设计师贝伦纳达提设计。整座建筑为仿法国古典复兴样式，更兼有巴洛克建筑之风格。

法国古典复兴样式，主要是采用古希腊及古罗马建筑的风格，又被称为新古典主义建筑。其明显特征是扬弃哥特式建筑的特点，以古希腊罗马时期的柱式风格为主要元素，建筑整体在外形上更多样化、自由化。并在此基础上吸取多种建筑元素之精华，可谓集多式样于一体的建筑风格。

这座别墅式建筑，在外形构造上以法国复古主义为基础，又吸取欧洲多种建筑风格之精华，并不断地进行自我创新与完善，在原有建筑风格的基础上，完成自己的独创性，使多种建筑风格相互融合、协调统一。

这座欧式建筑的创建人——乌拉迪斯拉夫·葛瓦里斯基于二十世纪初来到中国，主要经营木材生意。他除了在哈尔滨有木材加工厂外，在海参崴等地更有多处林场，是那一时期较大的木材商人。他一九一九年着手建造这座豪华别墅，直至一九二二年方才竣工使用，历时四年时间，打造出这座身处喧嚣之中，又置身世外的优雅居所。

二

早在中东铁路修筑之初，便有大批外籍商人涌入哈尔滨，他们来此谋生是一方面，更主要的是借助中东铁路来淘金。中东铁路不仅仅是打通外埠与东北的通道，更是多元化外域元素渗入的主要成因。

林业资本家葛瓦里斯基便是其中之一，他是波兰裔俄罗斯人，又有称之为犹太人。但他终归是外域商人，通过这条中东铁路将大批木材运往欧洲各地，借此囤积殷实的家境。

这座欧式建筑的两处门垛异于普通门垛，顶端附着浅淡的雕痕，“颐园街一号”与“革命领袖视察黑龙江纪念馆”两块牌匾，分立两旁，流露出淡泊的宁静。一些尖锐的枝杈，越过院墙探出头来，干巴巴的肢体裸露于北方的冷风中。

院落内的小径干净整洁，两旁的榆树墙低矮深沉，根部堆放大量积雪，不时飞出轻薄的雪絮。我被这份沉静所震动，沿着小径攀附而上，却忽略门口警卫警觉的目光。

“稍等，请您出示证件！”警卫的声音拦下我的脚步。“实在不好意思，实在不好意思。”意识到自己的失态，我连连道歉。“多么壮观的建筑啊！”警卫笑了，笑容中渗透出祥和的分子。

小径并不长，由院外到门廊只需几十步的距离。门廊呈拱状，两端矗立着粗壮的立柱，一律灰色调布局，看上去深沉浑厚。右手边“陈列室”三个大字赫然醒目，触及我敏感的神经。

这座建筑体为砖混结构，占地约三千平方米，建筑面积为一千九百四十三平方米，由主楼和副楼构成，并以甬道相接。主楼在设计上比较复杂，为平面几何式布局，并附以大量的直线与雕琢艺术。地上三层，地下为一层。

整座建筑通体上下以灰色为主基调，附以深绿色，尤其壁柱装饰的间隔处，外雕饰物完美无缺、大方典雅。植被与植被对称，雕花与雕花呼应，于互相依存之间，缔造出唯美的雕刻组合，使得整座建筑体在光线的笼罩下，绽放出奇异的光芒。

建筑体在线与面的处理上，可谓独出心裁。线条的凹槽浅淡相宜，窗与柱之间平行均衡，相互咬合，檐头和柱头上都附以大量的雕饰物，看上去丰富多彩、细腻活泼。凹凸的起伏，在午后光线的映射下，彰显出辉煌的态势。

徐纯一笔下的光在建筑中安居，阐述光对建筑来说的重要性，每一点或线的呈现，都将是一份完美的图像组合。尤其不同的场景、不同的视角以及不同的观瞻理念，所诠释出来的变幻无常，对建筑体抽象与真实的存在，提供极大的可能性。

三

主楼右侧的半圆形花房，一律落地长窗，上面镶有大小相等的长方形透明玻璃，每扇长窗之间由墙壁隔开，如同物体与物体的对称轴，矗立在每两扇落地长窗之间，透过光线的影射，弹奏出优美的波纹。

墙壁凹凸不平，被分成等距的凹槽，最顶端镶以深绿色雕饰，弯弯的卷曲植入其中。雕饰两端呈对称状，底部附以麦穗雕刻，呈现出半椭圆式布局。当光线与其碰撞之际，那些纹理的波动，于午后的空气中绽放出清爽的乐章。

花房的顶部被雕刻所包围，但整体上并不凌乱，而是等距而居，互不干扰。我看到光线在凹凸间游动，阻挡住纷杂的声响，用它仅有的热量，折射出火样的温暖。

房顶是二楼的半圆形阳台，与女儿墙紧密相依，宛若整座建筑体的子体，附着母体之侧，时刻倾听它呼吸的声响。它们互相依附，互相配合，为整座建筑体的统一与和谐，提供极有利的空间存在。

建筑体采取壁柱式处理手法，主墙面通顶凸出，衬以科林斯巨型壁柱，垂直与平行相互交错，形成散而不乱的几何图表。建筑体的顶部采用孟莎式双折屋顶，使其看上去宽敞明亮、美观大方。

这让我记起在整个寻找过程中，那位为我指路的卖手抓饼的老人。他慈祥的面容上露出浅淡的微笑，目光中透露出安宁的因子，让我的心在瞬间融入温暖的水流中，并在这寒凉的春日，寻得些许安慰。

据老人讲，他在这附近待了许多年，家住在离这儿不远的民益街上。来此处经营小本生意，只是缘于这条热闹的街道。而对于颐园街一号，他了解得并不多，倒是依稀听人讲过，这是一座老毛子盖的楼房，当时选用的都是极好的材料，工程进度相当慢。一方面是因为资金的缘故；另一方面则是建造者对施工过程的严格把关。

正巧有顾客来买手抓饼，老人把小铲子拍得“啪啪”响，嘴巴里不停地念叨着：“我只进去过一次，那房子真是建得好，但就是不稀罕，可能是厌恶老毛子的原因吧。那时候，这些老毛子都来咱哈尔滨做买卖，占用我们的地，赚我们的钱，实在是太可恶！”

小铲子拍在铁板上的声响，迸发出尖锐的呼喊。老人的手随着小铲子的上下舞动，不停地颤抖，如同被雷声震痛的生灵，在这冰凉的午后，流露出痉挛似的动荡。

“我就不明白了，中国式的建筑那么多，怎么不好好写写它们，那可是咱老祖宗留下来的。”老人的目光中流淌着疑问，暴满青筋的手掌依旧在铁板上拍得“啪啪”响。

同样是我们人类共有的文化遗产，我们应该爱护它们，就如同爱护我们中国式建筑一样。然而，我的解释在冷风中显得如此苍白无力，我看到老人的嘴角现出一抹不屑，他布满皱纹的面孔，犹如秋末的树皮，被风化成浓重的绛紫色。

有些思想是根深蒂固的，我们无力改变，但能够理解。保护每一座文化遗产，是我们中华民族的责任。无论建造它的初衷或是目的如何，是由谁而建，最终结果能够反映出超乎寻常的艺术价值，这所有的付出便是值得。

四

这座建筑体的陈列室，外部是一扇木质大门，极其普通，单凭外部装饰并无奇异之处。当踏入门槛之际，室内宽敞明亮的区域，以及富丽堂皇的组建结构，都给人以强烈的心灵震撼。

若想进入大厅，必须经过门厅，踏过几级台阶，才能步入其中。大厅位于门厅的左上方，是整座建筑的核心所在，更是主人及家人日常活动的主要场所。整座大厅典雅豪华，造型唯美，以暖黄色为主基调。墙壁、扶梯、栏杆、棚顶等一律采用木质构架，并附上精美雕饰。当真实与艺术相互结合，便在想象的思维空间内，营造出明朗的氛围。

大厅与餐厅、书房和客厅相互贯通，彼此之间以大厅为媒介，若要登上二层，必须经由大厅才行。餐厅内摆放着整齐的桌椅，室内整洁明亮，不染灰尘。午后流动的光线，透过抵脊的窗帘射入室内，铺展在桌子与地面上，绽放出宁静的色彩。

客厅内的墙壁上悬挂许多条幅，从第一部分的“北上抗日”，到第四部分的“指引未来”，都是对毛泽东同志领导下的抗日记载，以及中国人民为夺取抗战胜利而斗争的事迹描述。

身处其中，当历史与建筑相融相通之际，内心的表述竟无以描绘。唯有借助指尖划过的范畴，传递思维的波澜，让其直抵心灵深处，幻化成精神的永存。

大厅内的木雕作品相当生动，趣味横生。那件倒立的雕饰物，悬挂右手边的墙壁上，吸引我惊喜的目光。这件雕饰看上去栩栩如生，活泼灵动。它的顶端稍大，底部却偏小，宛若一枚倒置的花枝，衬托于叶片之上，在光线的映射下，绽放出鲜有的灵活性。

“请问这是壁炉吗？”目光触及其躯体的瞬间，穿越起伏的波动，让我有种置身异境的幻象，便急忙问身旁的女管理员。“不是的，壁炉在那间房子里。”女管理员手指前方的房间，脸上露出温和的笑。

我将目光从那件雕饰物上抽离出来，踏着管理员温和的声音，步入前面的房间。房间的左手边上即是所谓的壁炉，通体上下依旧暖黄色，依附墙壁之上，呈半封闭状态。

壁炉起源于西方国家，是依存墙壁或独立室内的取暖设备。每当冬季来临之时，房子的主人及家人，通常会围在壁炉周围聊天取暖，或者商议家庭中重要的事情。中国式壁炉并无特别之处，多是引自外域文化而来。在西方国家，壁炉还与诸多节日紧密相关，使之看上去隐藏着神秘感。

而这座壁炉闲置于空旷的室内，听不到主人们闲聊的话语，更无法倾听岁月的回响。它在风雨飘摇的岁月中，几经侵蚀，却依然保存着火样的态势。透过流淌的光线，我似乎看到铁栏内火焰的红光，那跳动的“噼啪”声响，是它对时光飞逝的强劲呐喊。

五

整间大厅充斥着林林总总的雕饰物，布局暖黄色的格调中，呈现出委婉大气的态势。靠近大厅右手边上是直通二楼的楼梯，两面扶手依旧以暖黄色装饰，楼梯口处嵌着圆状的白炽灯，宛若远古世界里奇异的珍宝，依附在楼梯健美的躯体上，时刻绽放出火样的激情。

加什东·巴什拉笔端的火焰流淌出鲜活的分子，被赋予诗性的光辉。而白炽灯所流露出的光源与其相似，又深藏着不同之处。火与光本是不同的概念，在文字的点拨下，裂变出质的飞跃。

楼梯皆为木质，并嵌以木式雕刻。精巧的黄色调螺旋柱分列两端扶手处，呈螺状上升至二楼。各个大小均匀，光滑细腻，光线打在它灵活的身躯上，影映出暖黄色的块状辐射面。

踏上楼梯的瞬间，木板发出窸窣的声响，我稍顿了一下，目光隔着红色的毡垫，企图穿透这层厚实的阻隔，探寻声音的源头。但终是未果，这一刻我似乎明白，曾经禁止到二楼参观的原因。那本是岁月积淀的结果，风蚀远比磨损破坏得更加惨烈。

沿着楼梯一步步缓慢攀登，木板窸窣的声响灌满耳鼓，过滤掉室内的宁静。在这暖黄的色彩中，幻象铺展在我的视野内。毛泽东、周恩来、朱德、宋庆龄等老一辈无产阶级革命家，沿着这楼梯通达二楼，留下珍贵的墨宝。

穿越暖黄色的光线，我攀附向上的脚印，或许会与某一处的脚印重合。让我在宁静的建筑体内，感悟到精神的传承，或是时光的逆转。它们不是光线折返的结果，而是岁月遗留下来的印迹。

二楼的楼梯口处是一拱状入口，对面墙壁上附以框式壁画，那里没有古旧的痕迹，更多的是现代化场景的浓缩。尽管真实的美观与古旧的风姿不甚搭调，但称得上是一份比较完美的图像组合。

几根螺旋式柱体连接二楼与顶棚，色调均以暖黄色为主，各式雕刻体依附其中，形成一件件唯美的雕塑物。弧状的旋转嵌入柱体中，仿佛旷野的藤蔓缠绕其躯体上，时刻迸发出焰火般的灿烂。

旋转处的雕刻大小均等，镶嵌其中，凹凸有序，曼妙自然。凹下去的雕刻如同笔墨下文字的撇捺支撑，历经风雨变幻，在柱体的躯干上留下永久的痕迹。它不是风云能够抹去的结果，而是历史的深刻记忆。

柱体的上端镶有花样雕饰物，表象凸出，华美高贵。如同攀附植物体颈部的天然点缀，矗立百年之久，依然不卑不亢，傲然屹立。我慨叹艺术家们丰富的想象思维，更钦佩他们妙趣横生的唯美创造。

六

二楼回廊的构造简明扼要，旋转在整座楼体中。它的自然和谐，与天然的雕刻点缀，形成一幅完美的艺术效果图。几何式的立体与平面式的点面相互结合，构成整体的和谐与统一。

建筑体的屋顶采用孟莎式设计风格，并镶有圆形老虎窗，精美的雕饰阵列周围，形成不规则布局，并分割出等状大小的玻璃块，嵌入圆窗内部。整个窗子如同这座生命体的眼眸，以它鲜有的灵慧时刻通晓外面的世界。

孟莎式屋顶有着悠久的历史。早在一六七四年，法国建筑师孟莎接手凡尔赛宫工程，他在原有建筑风格的基础上，增建宫殿的两翼、马厩等附属建筑，形成独具特色的屋顶样式，一直被广泛使用。

这种风格本着严谨细腻、恢宏大气的特点，在建筑线条与细节的处理上，做出重点强调。平面与平面之间以折线相隔离，形成大量的斜坡面，使整个屋顶看上去顶端平缓，底端陡直。并将跳跃式布局穿插其中，使轴线的对称表达得淋漓尽致。

屋顶四周布满精细雕刻，线与面散乱其间，却又对称分布。一盏布满木雕作品的吊灯悬挂在屋顶上，那些精细的雕刻，依附在吊灯的躯体上，流露出大自然的浪漫气息。

吊灯通体上下散发出高贵典雅的气势，宛若自然界中走出的生命体，被设计者植入建筑体的内部。每一处点与面、直线与弧度的完美结合，都表达出设计者高超的创作理念及思想境界的深邃度。

这富丽堂皇的场景，让我在震惊之余陷入沉思中。别墅的主人葛瓦里斯基，一八七一年出生在隶属于沙俄的波兰，沙俄帝国在谋划修筑中东铁路之初的一八九七年，作为技术员的他，随同沙俄第五勘探队来到中国。

然而在中国的乌吉密遇到极大的麻烦。由于第五勘探队工程师齐温斯基的不合理要求，引发当地山民的强烈抗议，他们将勘探队埋下的界桩全部拔掉，燃起大火，将勘探队的枕木全部烧光。

这场意外对第五勘探队来说是个不小的损失，对工程师齐温斯基来说犹如一场灾难。但这所有的一切，如天降的福祉，点燃葛瓦里斯基内心深处蠢蠢欲动的焰火。他借此机会向齐温斯基提议，由自己开办一家林业公司，输送大批木材供其使用。

在得到齐温斯基的批准后，葛瓦里斯基回国变卖家产，在一八九八年返回中国，成立了他个人的林业公司。由此小兴安岭、亚布力等林区的木材遭到肆意砍伐，沙俄帝国对在中国土地的无度蚕食也陆续开始。

在葛瓦里斯基的商业帝国不断壮大之际，随着一九一九年协约国武力消灭苏联的计划失败，他意识到自己终将要扎根这片土地，开始着手在哈尔滨建造一座属于自己的府邸。

更确切地讲，这座建筑体既是葛瓦里斯基的居所，更是他计划退守的根据地。

七

为建造这座私人府邸，葛瓦里斯基可谓煞费苦心。他先后请来三位中国风水先生，选址、看风水、算运势，最主要的一点是，欲在气势上压垮自己的老对手、犹太人斯基德尔斯基的豪宅。

斯基德尔斯基宅邸位于颐园街三号，建造年限为一九一四年。住宅的主人斯基德尔斯基是与葛瓦里斯基同时期的商贾，也是其较大的对手之一，后来在葛瓦里斯基遭遇经济危机之际，联手英国巨商黎德尔击垮葛瓦里斯基。

颐园街一号终于于一九二二年落成使用，它与圣·尼古拉教堂、莫斯科商场毗邻相望，更占据南岗区有利地势，可谓葛瓦里斯基眼中的风水宝地。建筑一经建成，即刻引起轰动，更有报纸大量刊登消息，一时间令葛瓦里斯基无限风光。

一九二九年经济危机席卷全球，葛瓦里斯基的商业帝国遭到重创。在黎德尔与斯基德尔斯基的双重打压下，以及日本人的强行介入，致使其强大的商业帝国土崩瓦解。最终，一代林业资本家落得个被强行搬离私邸、客死异乡的悲惨境地。

如今摆放在我们面前的这座老建筑，所有的原材料皆由中国林区采伐而来，并经过精雕细琢之后，成为这座生命体的一部分。这些光线下跃动的雕刻艺术，华美绝伦、温婉大气，便是最好的历史见证。

“这吊灯都是建造之初的吗？”我带着疑问，向别墅的管理员请教。“这都是最初的，保存得完好无损。”管理员耐心地告诉我。

借着空气中游荡的粒子，跳跃的音符注入满是疑虑的思想空间。它们相互碰撞，相互挤压，瞬间发生质的变化，在彼此纠缠的基础上，腾跃出激荡的乐章。

歌德说：“建筑是凝固的音乐。”无论建造的历史背景如何纷杂，建筑体本身都散发出一种不可抗拒的力量，它是视觉与听觉的交汇聚合，更是自然界一种独创性的体现。

当我被这雄伟壮丽的建筑体震惊之余，原主人葛瓦里斯基终是未能料到，他倾注全部心血的私邸，因着豪华典雅的气势，在这座城市中独领风骚；更因着中国多位革命领导人的光顾，成为革命领袖视察黑龙江纪念馆而永载史册。

八

一九五〇年二月二十七日，毛泽东主席和周恩来总理在访问苏联归国途中，抵达哈尔滨视察，便下榻在颐园街一号。别墅的管理员告诉我，当时毛主席只在这栋别墅里待了十八个小时，包括下榻和办公。然而这简短的时间里，却是毛主席对黑龙江的唯一一次视察。

二楼的卧室整洁清爽，室内一张铁床，被褥洁净，不染尘埃。铁床对面墙壁上悬挂着毛主席的巨大相片，他老人家笑容满面，目光凝视前方，整张相片在午后光线的映照下，绽放出耀眼的光芒。

与卧室相邻的房间，便是毛主席当年的办公室。室内设有桌椅，只是桌子上的办公用具一律置放在玻璃器皿内，如同世间鲜有的珍奇物品，唯恐被风雨侵蚀，或被打上岁月的烙印。

整个房间的窗子通透明亮，为长方体状，顶部呈拱形，隐匿窗帘之后。透过窗帘的空隙，可以依稀看到室外的光景，那些通透的光线于空气的离子间游动，并裸露出自然的影像。

因为光线的摄入，室内瞬间变得明朗起来。一些不规则的光线汹涌而来，试图将内部的幽暗剥离干净，使之形成两个完整的对峙面，暗灰与光亮同时存在，分割出洗练的光感效果图。

办公桌后面是一把敦实的座椅，整体洁净如初。毛主席当年便是在这张办公桌上题词，分别写下“不要沾染官僚主义作风”、“学习”、“奋斗”、“发展生产”、“学习马列主义”五幅题词，并为《松江日报》题写报头。

二楼的另一个房间分别展出这五幅题词，及《松江日报》等报纸。穿越历史的风云，我仿佛看到毛主席当年伏于办公桌前，奋笔疾书的场景，他温和的笑容挂在脸庞，告诫的话语时刻萦绕耳旁。

紧邻这三个房间的最里面，有两间分别独立的小房间，房间的墙壁上悬挂着葛瓦里斯基一家的旧照片，更有其女儿维基·葛瓦里斯基探访故居时拍下的照片。

其中葛瓦里斯基一家同朋友围坐一楼大厅的照片，令我思绪万千。大厅中摆放着超大的沙发，他与家人及朋友谈笑风生，好不热闹。我似乎听到他们热烈的谈论声，以及尘封岁月深处的欢笑声。

人生若庞大的舞台，各色人演绎出不同的角色，这些历史的印迹，才是对人生最好的诠释。

九

较之建筑体内部的结构来说，外部结构更是独具匠心、异彩纷呈。建筑体的左侧有一硕大花园，花园内设有水池和铺就的甬路。即使在落雪积压的初春，水池里裸露出大片的冰面，仍然想象得到夏季的妖娆。

透过时光的水流，我看到夏日炎炎的傍晚，清澈碧蓝的水池上，偶有一两声飞鸟的鸣啼。微风拂过，激荡起大片的波纹，漫过整个池身，喷溅到池边的草树上。

花园中栽了几十种树木，如挺拔的松树、柏树、杨树，还有婀娜的杨柳、挺直的白桦树等。它们将整座建筑体掩映绿荫之中，树与树之间形成不规则的分隔区，根部却被形形色色的花草所环绕。挤挤挨挨、竞相盛放的花儿们，在阳光的映照下，绽放出华美的笑靥。

整洁的榆树墙将花园与庭院隔离开，绿意影映的花园中，它们如同整齐的士兵，以健壮的身躯和整洁的造型，肩负着捍卫花园及整座建筑体的使命。无论风起云涌的日子，还是大雪纷飞的岁月，都傲然挺立，岿然不动。

而今沐浴淡薄的积雪中，所过之处一片银白，各种树木裸露出光秃的树枝，花草们也只剩下枯萎的腰身。那些所谓的华美盛开皆掩入时光深处，消逝于上一季的轮回里。

沿着甬路缓慢前行，脚底与路面形成强劲的接触空间，并有挤压不断渗入。随着距离的增大，这种压力也在不断扩张，直到遍布整个脚掌及周身。我想象不出这种压力的来源，真切地感受到扩大空间维度的存在性。

院落里静悄悄的，只有我在环视四周的景色。作为革命领袖视察黑龙江纪念馆，这里的游客少之又少，相对圣·索菲亚大教堂、秋林公司等历史建筑来说，它是座僻静之所。

可以断定没有多少人知道这里，更鲜有人来过这里。这座老建筑风华绝代、富丽堂皇，但与现实中的人们毫不相干。他们关注的是最根本的生计，而不是这喧嚣之中的宁静，以及它的历史和故事。

它隐蔽于秋林公司、黑龙江省博物馆、哈尔滨火车站之间，正对南岗区的龙脊方向；它独占风水宝地，享尽一份宁静与清雅。在历史与现实中，诠释出自己生命的艺术价值，这便是我们得以珍视的根由。

第三卷　还原本真

深邃的文字背后，多藏有沉寂的隐喻，正如每一座城市的存在，都有独特的背景。而与之紧密依存的建筑体，却承载生命的原动力。它如同自然界中相辅相成的实存体，在某种特定的情境下，必须承受成长过程的初创活动。

触摸石头的体温

一

深邃的文字背后，多藏有沉寂的隐喻，正如每一座城市的存在，都有独特的背景。而与之紧密依存的建筑体，承载生命的原动力。它如同自然界中相辅相成的实存体，在某种特定的情境下，必须承受成长过程的初创活动。

位于南岗区西大直街五十一号的哈尔滨铁路局，在烈光烟焰之下，不仅见证这座新兴城市的历史，更于我们跳跃的生命影像中，凸显个性的存在及自身的价值。

哈尔滨铁路局俗称大石头房子，是中东铁路的“司令部”。它始建一九〇二年，建筑总面积为两万三千三百零一平方米，总长度约一百八十二米，宽约八十五米，高约二十一米。最为奇特的要数建筑的墙体，凝脂般的厚实，最厚处居然达一点三五米。大石头房子宛如一座坚实的古城堡，屹立在风雨中长达百余个春秋。

一九〇三年七月，历时一年多的时间，大石头房子正式投入使用。至此一幢新艺术风格的建筑平地而起，它如同中东铁路线上的核心点，起到一定的枢纽作用。尤其独具特色的建筑结构，将抽象与实体相统一的整体组合，与圣·尼古拉教堂、秋林商行、莫斯科商场等大型建筑体，仿佛处于同一平面图上的点位形成，为哈尔滨创造出非凡的艺术价值。

大石头房子外墙均由大块青石堆砌而成，建筑整体坚固无比。据附近百姓介绍，当年修建这座建筑的时候，为防止石头过重而下沉，每天仅修建一层，直至建成整座建筑体。

它既像城堡，又如迷宫，穿行其中的人们，犹如置身在建筑师的思维体系之中，被复杂又多变的领域所包围，自始至终都会感受到，历史与现实相互交融的情感转移。这种情感转移，在某种程度上，打开我们的视野，由外而内穿越时空边界，延伸我们的思维，以达到某种预想的境地。

法国科学哲学家加斯东·巴什拉在《空间的诗学》一书中曾指出："鲁奥的画证明，灵魂具有一种内部光线，'内部视觉'认识这种光线，并且在色彩绚丽、阳光照耀的世界中将它转化出来。"对旁观者来说，视觉的打开，无论由内而外，还是由外而内，其宗旨恰好符合思维体系的初衷，这即是目的。

正如画家的每一幅画作，是透过灵动的画笔呈现出来，点与线的构成，都深藏丰富的思想内涵。越过参差的光线，我们能够感应到灵魂深处的跃动，就如同洞察到画家内心深处的情感波动。而建筑体对建筑师们来说，每一处线条的探求及刹那的表达，都是生命的淬炼与成长，更是一种由内而外的思维表述。

据有关资料显示，在中东铁路修筑之初，沙俄借机扩大侵略东北的势力范围，而哈尔滨铁路局是其扩张野心的中心联络点。直到十九世纪末，当各帝国主义企图瓜分中国之际，沙俄抢先一步，迫使清政府签订《中俄密约》，这便是其大举侵略中国之始。

一八九八年春，沙俄借筑路之名，进驻中国东北境内，肆意侵

大石头房子旧貌

哈尔滨铁路局

奔驰在“满洲”旷野上的火车

上世纪七十年代的哈尔滨铁路局

占土地，使中国百姓苦不堪言。这条跨越中俄的铁路线，如同置入中国东北腹地的吸血管道，为沙俄的进一步侵略，提供有利条件。

沙俄在筑路的同时，又不断扩建城市，以满足其扩大侵略的需要。哈尔滨铁路局就是这一时期的产物。抛开特定的历史因素，就建筑体本身来说，它堪称“新艺术”建筑风格的典型之作，是全人类共同的文化遗产。

二

当历史依然沉睡之际，那些蠢蠢欲动的文字逐渐醒来。它们四处奔走，互相转告，用有力的肢体劈开浓重的雾霭，将所有的暗黑都包裹起来，于鲜活的氛围中，裸露出稚嫩的生机。

哈尔滨铁路局整套设计方案是在圣彼得堡完成的，由中东铁路技师德尼索夫设计，整体构建简洁大方，在处理手法上庄重和谐，独具典雅素静之美。建筑整体在布局上，街面位置退后近七十米的距离，这种布局使建筑体与街面之间构成的方形区域形成广场所在。夏天广场上苍松翠柏，郁郁葱葱；冬天淡雅素洁，极富韵律感。尤其置身街面处，整座建筑舒展豁达，给人以肃静宜人的感受。

透过历史的云雾，我仿佛看到德国画家安塞姆·基弗那些流血的画作。他将抽象的思维与实存的景象相互融合，为我们呈现出全人类的苦难，以及某种精神的独创性。而哈尔滨铁路局的独创性就在于，设计师们为建筑整体注入灵动的精神因子，使它经过时间的打磨，依然迸放出豪迈的壮美。

阳光束不住积雪的融化，正如时间锁不住历史的脚步。

作为中东铁路管理的枢纽，哈尔滨铁路局在整体构建上，可以说是煞费苦心的。设计师与历史的定音者，穿透时空的光路，依然能够让我感受到其敏锐的思维与沉稳的洞察能力。他们将思想与智慧相互交融，将历史与现实汇拢组合，为全人类呈现的不仅是一座实体建筑，更是一种欲想的升腾。

这座石头房子，整体分为主楼、配楼、前楼、中楼等几部分，外体一律由大块砖石罗列堆砌，穿越阳光的波纹，流露出暗灰色调。越过广场区域，前楼与后楼由过街楼相互连接。

过街楼的门廊呈半拱形，壁面砖石保存完好。拱形门上方排列等距的窗子，窗体均为长方形，澄窗通透、四野明亮。窗玻璃折射出来的光线，穿越历史与现实的吻合之处，悟想虚与实、静与动的隔空对话，一种庄重感油然而生。

主楼外体的大块砖石，给我以感官上的错觉。它们由自然界争相涌来，或是被强行掳来，用自己健硕的身躯，抵抗时间的淬炼，与风雨的撞击。目光探触的瞬间，我感受其躯体的拔凉，一层通透的片冰，在单薄的躯体上泛着喑哑的光。光线如同历史与现实的分界线，隔离掉彼此的融合与深入交流的机会。

一些沉重的思想，被薄光击得七零八落，幻化成凝固的符号，卧进时光的深水里，裸露出虚无的根须。

三

在某些民族的传说中，石头是掌管命运的神。石头是有生命、有力量的，它可以抵抗外族侵略，也可以承受一切压力，正如无所不能的人类。

大石头房子给我空灵的感觉，一种与人类息息相关、血脉相承的感觉。这种感觉也许是来源于了解它的人。白文邦老人恰恰就是给我这种感觉的人。他对哈尔滨的历史有着清晰的记忆和判断能力。他的言论隐藏历史中，如同寓于黑暗底部的火种，时刻迎接爆发的机遇。

老人生于哈尔滨市，今年七十岁，居住在公司街附近已经有五十个年头。用他自己的话说，他爱着这片土地，痛恨异族的侵略，他渴望时代的进步、民族的崛起。

据老人讲，他的父辈也是闯关东来的。由于没有生活来源，他父亲给人做苦力，维持一家老小生活。当时正值中东铁路修筑之际，哈尔滨满大街都是俄国人的洋马车，和三三两两游逛的俄国女人。中国的贫苦百姓，在自己的国土上并无一席之地。

从老人断断续续的话语中，我似乎听到他心灵深处的叹息，正如大石头房子那深沉的呼吸般凝重。它凝重的不可阻止，转瞬间形成一股强大的气场，汹涌如潮，冲破历史与现实的栅栏，在时间的断裂处，点燃暗藏的火种。

哈尔滨铁路局第一任局长狄·列·霍尔瓦特，他是沙皇的亲戚，在职期间经历四次火烧大石头房子事件，但他百思不得其解，究竟火起的原因在哪里，又是谁所为。这一系列事件传遍整个中东铁路所属部门，甚至传到圣彼得堡，有力地打击了沙俄在中国的嚣张气焰。而真正的起火原因，却与三十六棚工人与俄国铁路工人罢工，有着千丝万缕的联系。

当时的沙俄为了进行侵略扩张，在中东铁路通车之后，于一九〇三年又霸占大片土地，建起连排厂房，这便是中东铁路哈尔滨总工厂，也就是哈尔滨车辆工厂的前身。而这座大型总工厂的建立，每一片厂区及角落，无不浸透着中国贫苦人民的血汗。他们在沙俄监工的鞭笞下吃不饱、睡不安，长年累月从事重体力劳动，境况惨不忍睹。尤其居住地——那连排的大棚子，深藏着他们的悲哀与苦难。它们如同一座座隐形的火山，随时都有岩浆崩裂、爆发强力的可能。

这些处于水深火热中的工人，成立“特别罢工委员会”，与俄国底层民众一起举行多次罢工，一九〇五年十一月十四日至二十日期间，便连续焚烧铁路局办公室、机务处等建筑，使坚固的大建筑体湮没在废墟之中。狄·列·霍尔瓦特由于找不到火起的根源所在，灰头土脸地乘着洋马车，往返于总工厂与铁路局之间。他如同暗藏的鼹鼠，以极大的可能寻求事实的真相。

大石头房子是石头的世界，它纳入建筑师们的精髓之处，又融入中国贫苦百姓的血泪。它的每一处存在，都承载着生命的咏叹，以及历史的沉浮。

四

当代学者林贤治在文章中曾指出：“石头是人类建构宏大的想象世界的一种基本物质，当世界倾圮时，便随即恢复为彼此孤立的一群，仿佛乌合之众。”石头外表给人的感觉是冰冷的，如同浸入冷风中的苍凉风景，流露出素寂的感受。而大石头房子除了给人这种感受之外，再就是生命的体征及光焰的闪烁。

其整体设计可谓独具匠心，恰到好处。建筑体三面临街，四周围以石头柱墩，柱墩与柱墩之间隔着铁艺栅栏，叶片状、花朵状不等，均匀分布、装饰其中。每座柱墩上面都嵌有一盏灯，未燃的灯经过阳光的折射，绽放出炽热的喘息，犹如那些沉睡着的、艰难的生命。

无数条跃升的光线，将实存体部分割裂成一道道凹槽，在这些等距的凹槽里显露出透明、温暖的世界。每一座柱墩皆由大块青石砌成，敦实的底座与强劲的躯体，构成无可抗拒的存在。透过稀疏的光影，柱墩所折射出来的线条被四面打开，形成游离的分散状，不时地阻挡我探寻的目光。

越过正门便是一片空旷的场地，多种树木林立其中，营造出典雅的氛围。每一扇门的上方均设有门廊，宽广豁达，通体上下透着灵性。窗框四周以雕饰环绕，或沟渠状，或自然景物状，呈现出建筑体奇异的光影效果。一些铸铁栅栏爬满时间留下的痕迹，仿佛箭矛状附于窗外，起到保护作用。

正楼门前那座十几米高的毛主席塑像，挥手之间似乎使历史定格，形成震撼人心的场景。后院中苏铁路员工的握手像系一九五三年全铜制造，最初立在毛主席像身后，“文革”前后被推倒，藏匿某地下室多年，二〇〇〇年后再次立于院中。铜像的站立，见证历史的风雨历程，更如同于烈火与废墟中重生。

建筑体的墙面，在结构上均匀分布，呈标准几何形状的立性存在。主楼的墙面秩序平整，斑驳与凹凸相互交错，虚与实彼此汇合。透过流动的光影，在视网膜上产生跳跃的情感。窗子四周的曲线细腻活泼，布局极为恰当，充分体现出新艺术风格的结构特点。楼顶上间隔等距凹槽，类似古希腊建筑体上的镂空，呈平行分布，并饰以植物雕饰，增强建筑的整体协调性。

透过建筑体的表象，我们可以想象得到，建筑师们在处理手法上的谨慎处。一些线与面的统一，完全出乎旁观者的意料。建筑体在起伏变化间，突出活跃因子的作用，更打破传统思维的束缚，使建筑整体看上去更加活泼生动。主入口处几级台阶的存在，再衬以深沉色调的木制大门，给人以威严庄重的感觉。

新艺术风格式建筑，是俄罗斯人引入外域建筑文化的产物。他们将几何学与建筑学相互融合，加之以光影效应，为我们呈现出建筑体高贵典雅的整体布局。就艺术价值来讲，如同雨泪交织后映出的灵性光泽，遗留下整个民族的历史印记。

穿过光线纤细的路径，我看到这座立于烟焰之中的建筑体，其强大的躯体转瞬之间，在光与火的洗礼下不断低垂下去，直到化为瓦砾中的废墟。石头、水泥满地狼藉，被冬日的风雪裹起的碎片，犹如建筑体上不同的纤维组织，在坚硬的冰冷中，打着哀伤的弧度，化作游荡的灵魂。

五

倘若说建筑的外体结构系表象的泄露，而丰腴的内在，则是精神与灵魂的双重组合。这种繁复的双重组合，透过我们感知的范畴，将光明与黑暗形成鲜明的对比，让我们得以深入地认知与感怀多面的世界。

大石头房子整体分为地上和地下部分，地上分为三层，地下则仅有一层。整座建筑体每一点、每一处的呈现，都是历史中不一样的风景。

相对外体结构来说，楼内则更显别致。正对主入口处，有一迂回的通廊，透过流动于空气与实体之间的光线，我能感受通廊的古朴与自然，及通体上下所表露出来的庄重效应。通廊脊高幅宽，每走一段便会出现几级台阶，接着再出现弯曲的通道，如此往复，其内部结构若迷宫一般，令人心生敬畏之感。

由此我们不难判断，进入这座迷宫的人，倘若不能小心翼翼地铭记来时路的话，再想走出去想必也是一件难事。难怪民间有着迷宫、城堡之说，看来所有的信息传达，还是有一定史实依据的。

整座建筑的内体中，每一间办公室都比较宽敞，偶尔有暗沉的线条射入眼帘，恰好符合俄国人的生活习性。深棕色调的桌椅板凳，上附唯美的雕琢艺术，花与叶紧密相接，穿透浮动的画面，让立体与立体相互交错地展开，呈现出典雅大气之势。每一处被美化的雕琢，在历史与现实的分隔线中，打开原初的意象，将我们引入未知的领域。

建筑给人以强烈的空间感，更可以作为国家或权力的象征。而大石头房子并不排除沙俄某种隐喻式的象征，但其实体的构建，却实在关乎历史的发展及某种精神领域的扩张。

光线穿过门窗挤进来，它们狭长的身子，在这些雕琢物上变幻成不规则状，散乱的游离，再不断扩大区域。继而将外部世界的现实因子，牵引到室内的历史因子中，使它们不断吸附交融，形成另一个维度的扩展区。

建筑是实体的存在，而光线的安居则使之透射出强烈的情感表达。它既是传统的，又是浪漫的。它将在特定的环境中，在美与丑、虚与实之间保持通透的距离感，更保持内在的能量，以供生长。

我用目光倾听雕琢物与阳光的碰撞声，穿透历史与现实的交汇点，将平面与立体相互融合，呈现出纯粹的幻象思维。顷刻间，温热的气流传递开来，在黑与白、凹与凸之间无限蔓延，由框架到框架，从影像到影像。这些流动的气体，击中我柔软的肌肤，督促我的大脑铭记历史，感悟沧桑百年的时光堆叠。

六

每一座建筑体的形成，都与人有着千丝万缕的联系。它们如同遍布宇宙的星子，被安放在某个特定的点位，以承受生命中的风雨飘摇，巨浪波澜。

二〇一五年十一月十四日，一个淡爽肃静的午后，那些旧时的影像不停地在我脑海中翻腾，形成波状的画面，再不断扩张开来，若引擎般牵扯出丝缕的情绪。踏着现实的足音，步入历史的殿堂，才是击溃假想的最好手段。

在复兴街靠近工大附中这一侧，我遇到牵狗遛弯儿的冯长贵老人。老人今年七十五岁，一九八三年搬来邮政街居住，至今已有三十二个年头。他退休前在哈尔滨铁路局公务处上班，从事建筑设计方面的工作，对于四十年代的人来说，老人称得上是地道的知识分子。

据老人所知，哈尔滨铁路局整座建筑群中，只有主楼是最初的建筑，四周的楼体都是后期修建的。当年建这座建筑的时候，墙体的外层全部由大块青石铺就，每块青石体积大小相同，等距排列。贴近青石的夹层附以白毡，起到保暖作用。墙体的最里面则由两层砖石垒成，以至于这三部分的墙体厚重坚实，冬暖夏凉。整座建筑一律由糯米浆和白灰将砖石混合，致使大石头房子坚固耐用，百年不衰。

当时的沙俄对建筑的质量要求极其严格，不讲究进展速度。设计者们要求建筑工人在使用青石前，将每块青石都在清水中浸透，然后排好编码，再按照顺序并列堆砌。在这种精准度超高的情况下，每个工人每天只能砌好三或四块青石，最多只砌三百块砖石。而且建筑墙体一律由白灰勾缝，使建筑外体平整美观大方。

老人说，他年轻的时候经常因为工作需要进出铁路局大楼。那时候主楼室内的地板多是木质结构，有许多办公室的地板呈人字形排列，经常保养打蜡，看上去大方典雅，若刚铺的一般。主楼的每间办公室举架都很高，给人以豁达明朗的感觉。四周墙面涂以白灰，还有的涂着深色调的油漆，极具俄罗斯建筑特色。

谈到建筑的话题，老人的话语滔滔不绝。越过声音的溪流，一些青石、沙砾，宛若跃动的精灵，在敞开的气流中游来游去，由笔到纸，由历史到现实。

老人的目光中流露出柔和的光线，他俯下身抱起依在脚边的小狗，轻触其柔软的毛发。小狗瞪大圆圆的眼睛盯着我。这个可爱的小生物，似乎懂得人类的语言，一动不动，在细心地辨别击中它思维轨道的声源。

“你知道院中拱形门的来历吗？”老人突然间的问话，打断我不着边际的思绪。我极其谨慎地说：“不知道。”听我这样说，老人笑得将眼睛眯成一条缝，那抹仅有的光线，全部汇聚到这条缝中，形成强大的气流，时刻等待某种情感的喷发。

原来石头房子的拱形门很有特点，经过百年之久依然坚固结实。当年的砖石都是长方体形状的，棱角分明，坚韧有度。为了打造拱形门，沙俄要求建筑工人把长方体状的砖石打磨成椭圆形。于是工人们将这些砖石一块块地运回，打磨成椭圆形，这所有的一切既需要时间，又需要耐力。足见沙俄对整座建筑的关注程度，同时也见证建筑工人们的辛酸与苦难。

或许是老人手指用力的缘故，小狗在他的抚摸下，打了一个寒噤，嗓子里发出咕咕噜噜的声音，将历史的回音壁完整地切割掉。

其实苦难对于每个人来说，都是寒冬的噩梦。倘若内心足够强大与善良，便可以将急奔的飓风割裂，倾圮的缝隙填满。

七

时空往往要经历适宜的堆叠，才能够弹出某种精神的高度，以此来抵御外部的击打与重压。大石头房子历经百年风雨，依然保存完好，以它典雅豪华的态势，迎接哈尔滨的发展，见证行走的踪迹。

这不禁让我想到，德国画家安塞姆·基弗，把书册堆砌成殿堂，置于交错的钢筋水泥中，犹如悬崖般高高耸立。透过画布和多彩的颜料，他将血肉与灰烬融入黑暗中，以此来谛听心底深处的回答。这不仅仅是对人类苦难的诠释，更是对历史的深刻剖析。正如他笔端流淌出来的诗性光辉及艰辛的求索，或许才是对历史最好的表述。

而大石头房子在穿越百年风雨之后，将苦难摒弃躯体之外，表露出丰饶的姿态，感受阳光的抚摸及艺术研究者的观瞻。它宛如沐浴在地表上的参天古树，被雨后的彩虹镀上一抹金色的光环。

一九八六年，大石头房子已被列为哈尔滨市重点保护文物，而且经常有剧组来拍片，记录建筑的成长和背后的故事。它如同一位世纪老人，庄重且绅士地敞开胸怀，迎接四面八方人士的到来。

这座大建筑体，作为岁月中的点位形成，自始至终都沿着一条路径攀越而来。在特殊的时代背景下，吐露出强大的气场。它的躯体，承受着历史与烈焰的双重折磨；它的精神，于时空转换中逐渐壮大起来，渲染整个民族意识的存在。

批评家、学者朱大可说：“一团盲目的火焰从卑顺的大地升起，但它却出乎意料地成为洞照未来的光源。”坦诚地讲，朱大可笔下的建筑，与我们思维体系中构建起来的建筑，有着不同的体会。正如他犀利的语言，是种与众不同、未经雕琢的艺术美。

火焰能够制造废墟，但它更能见证新生命的开始。

大石头房子的命运，让我想起冯长贵老人说过的话。他十六岁那年，正在工程学院读书，当时赶上红卫兵扫除“牛马蛇神”的当口儿，位于秦家岗中心广场上的圣·尼古拉教堂的拆毁，他是亲历者之一。

当时我盯着老人的脸，似乎在寻求一种讯息。“您现在有什么想法吗？比如后悔？”无奈的笑容浮在老人脸上。“那时候年纪小，大家一哄而上，用绳子和锁链就把顶尖拽倒了。现在想想，那群人简直就是在胡闹！”

我坚信老人心中藏着一抹忧虑，这么多年来一直挥之不去的惭愧。然而那座美轮美奂的建筑体，永远深埋在历史的洪流中，再不见踪迹。而大石头房子，在经历四次大火灼烧之后，以它坚韧的身躯，越过时空之壁，再次矗立大地上，不能不说是精神的永生。它构筑起的坚定信念，在历史与未来之间，将打造成为一部精致的珍奇典籍。

古堡的传奇

一

中东铁路是促进哈尔滨迅速发展的重要因素。当时沙俄为使铁路尽快建成，以达到进一步侵华的目的，在筑路的同时，加紧建城的步伐，一座座教堂、医院、工厂等拔地而起。这些建筑体多被注入欧洲建筑元素，使哈尔滨成为一座充满异域风情的城市。

位于南岗区银行街三十一号的古堡式建筑，便是众多欧洲建筑之一。这座建筑体始建于一九〇六年，于一九〇七年一月三十日正式投入使用。它具有田园特色的古堡式外形，挺拔高耸的尖券式圆拱高窗，以及直插云霄的哥特式尖塔，无不彰显出欧洲文化的特征，充分表达出古典建筑的浪漫主义色彩。

银行街三十一号为原中东铁路中央电话局旧址，该建筑体矗立在银行街与颐园街交汇口，坐北向南，南面与圣·尼古拉教堂、颐园街一号别墅、颐园街三号省老干部活动中心等欧式建筑遥遥相望，北面与哈尔滨火车站仅一街之隔。

整座建筑体为砖混结构，是以哥特式为特征的折中主义建筑风

哈尔滨原中东铁路中央电话局（上世纪八十年代拍摄）

格。地下为一层，地上二层，主体占地面积达五百零四平方米，为哈尔滨市一类保护建筑。暗红色的墙体及古朴的自然情调，成为这片地带又一靓丽的景观。

当你去探访一座城市的时候，首先去关注它的街道、建筑、文化，然后是它的历史和古迹。因为那是城市的名片，更是其灵魂所在。它们如同这座城市的命脉，与城市身后的故事融为一体。

哈尔滨坐落在我国的东北部，按照建城年限来推算，它并不古老。但独特的地理位置及历史背景，赋予它与众不同的魅力。在短短百年时间里，迅速发展成为现代化大都市。

翻开它的历史书卷，我们不难发现，自一八九八年中东铁路修筑以来，便有大批移民涌入哈尔滨，他们分布在不同区域，描绘着各自的人生轨迹。这座城市由于受欧洲文化的影响，发生质的变化。

历史上的哈尔滨有过三次移民大潮，即来自北京的八旗贵族、来自欧洲的移民以及来自山东的平民。八旗子弟为哈尔滨带来贵族文化，欧洲移民将外域元素植入这座城市的血液，那些因为灾难闯关东的平民们，则带来与众不同的中国传统文化。三次移民大潮为这座新兴城市，带来数不清的传奇故事。

第二次移民潮带来俄罗斯及欧洲各国的大批移民，仅俄罗斯便多达几十万。他们多与中国百姓杂居，其中有一些迫于生计而乞讨的人。大量移民的出现，带来他们的原生态文化，并在长时间的交往中，渗入到中国百姓的生活中，使整座城市变得洋化起来。

雨果说："建筑是用石头写成的史书。"以坚实的本性，记录人类的历史和荣辱。而且石头是有体温的，更充满思维能力，它们由自然界被移植到城市中，用自己的生命演绎了各种不同的角色。

二

二〇一六年二月二十四日，我抱着另一目的来到这里，踏过铁艺大门，进入到这座建筑体存在的空间区域。它庞大的院落整洁利落，院内停满车辆，更有行人进进出出。

一位由室内走出的老者，看到徘徊在院内的我，笑着问："喜欢这类建筑吗？"我诧异地点头，"喜欢！""您怎么想到的？"我又反问一句。"看到你手里的摄像机喽！"老人笑意盈盈，脸庞上流露出诚恳与敦厚。

我这才意识到手中的摄像机，正张大明亮的嘴巴，欲吞掉它眼前的一切。我不好意思地笑笑，表示默认。闲谈中，老人讲述起他眼中的老建筑。那沉稳的语调，如同在诉说一个生命的前世今生。

老人叫胡长海，家住在颐园街上，今年七十岁，是哈尔滨火车站退休职工。闲居在家无事可做，便和老伴开了间杂货店，一方面赚些零用钱，另一方面打发时间。

"我的杂货店就在这座建筑的斜前方，这里是医大四院的办公楼，有要求送货的，我就给送来，权当活动筋骨。"老人乐观的态度如春日的暖阳，在这寒凉的季节感染到我。

老人说，有许多人来参观这座老建筑，还有一些外国人。他们大多拎着照相机或摄像机，围绕着建筑体不停地拍，好像要将所有的美好都留在相册里。这里不但有参观的民众，还有来拍电影或电视剧的。

二〇〇九年五月份，电视剧《大掌柜》就曾在这里选景拍摄，当时的他还充当一把临时演员。那时候临时演员每天只给二十元工资，中午提供一顿盒饭。老人的语调中流淌出平和："我当时也是鬼使神差，绝对不是冲着钱来的，而是为感受那种气氛。”

我理解老人当年的心情，作为七十岁的老人，他的经历本就符合时代气息，并与这个社会共同成长。他完全了解这座城市的历史，以及历史背后的故事。

有许多年轻人来参演，老人清楚他们多半是凑热闹，因为他们不了解这段历史。当时整座院子挤满人，看乐子的、参演的，一层又一层，把整个表演区围个水泄不通。

时隔多年，许多场景他几乎淡忘掉，但那两排日本宪兵由室内大踏步走出的时候，他的神经如上弦的箭，时刻有绷紧拉弓的可能。院里的人们突然安静下来，目不暇接地盯着他们，眼里蓄满愤怒。

老人低沉的嗓音，透过跃动的空气，震痛我的耳膜。如此敦厚的老人竟将愤怒写在脸上，一方面显示出演员的专业水平，另一方面则说明他面对屈辱的历史，所表露出来的愤恨之情。

三

《大掌柜》这部电视剧我没有看过，更不了解全部剧情。从老人口中的讲述已知其一二，这是一部描写民国初期的故事，彰显民族精神的情感大戏。

故事终究是故事，却与历史相互融通。它如同一幅生命演示图，在错综复杂的环境里，演绎出真实的生活版本，让我们从中领悟到历史的存在，和对艺术与人性的慨叹。

这座建筑体宛若生长在自然界的生命，历经百年之久，凝望着来来往往的人们，应对曾发生的故事。无论以何种方式出现在它的生命里，所有的一切都将载入史册，成为这段历史的见证。

整座建筑体外墙面以红砖筑就，辅以白色调为附属色。苍劲的线脚，平缓的屋顶，无不彰显出浓郁的浪漫主义色彩。在此基础上，吸收多种建筑风格之精髓，将哥特式建筑风格表达得恰到好处。

哥特式建筑风格源起于中世纪的欧洲，在十二到十五世纪达到鼎盛时期。设计者们对建筑的外观进行重点强调，筑以高耸的尖塔，鲜明的色彩描绘，以及垂直式的艺术效果，使整座建筑体大方美观、绚丽夺目。

这座建筑体的正门设有轻巧的雨篷，上设精致的铁艺雕花。正中部的雕花偏大一些，两端则以其为对称轴，形成均衡的点位。雕花的样式与色泽完全相同，只是区别于形状大小。我看到时光的脚印，风蚀到雨篷的每个角落，并留下斑驳的暗影，流露出沧桑的神态。

靠近右手边有两个超大的牌匾，分别刻有“哈尔滨医科大学第四临床医学院”及“哈尔滨医科大学附属第四医院”字样。雨篷下面装有小型三联窗，三联窗的下面则是一扇古朴的木门，木门两端设有古式门灯。

木门呈栗棕色，底部嵌有木雕花饰，两端的花体呈对称分布，显露出姣好的姿容。木门把手一律镶有雕刻体，宛若自然界的植物体，被注入棕色的木质中，使自然与古朴浑然一体，大方典雅。

正门两边设有拱形欧式窗子，窗框为暗红色装饰，顶部以白色调作辅助，使得整扇窗子通透明亮、自然美观。在墙面与窗子的连接点处，设有等距的凹渠，它们并行而居，刻画出建筑体完美的几何曲线。

这座建筑的窗子尤其特别，形状各异。有通体上下为长方形的，还有下部为长方形、上部为拱形的，更有一种下部为长方形、上部为尖拱形的。三种不同形状及样式的窗子，云集于一座建筑体内，使之看上去更似中西相融的结合体。

每扇窗子的外部皆以铁艺维护，花样的雕琢与坚实的铁质相互会通，相互结合，形成建筑体的和谐统一。犹如一个个表象器官，与大自然息息相关、血脉相承。

檐头处凹凸起伏，错落有序。大量砖石环绕于建筑体四周，形成庞大的影射面，在光线的衬托下，构筑成游动的阴影，随着阳光的移动，变幻出不同的形状。

偶有觅食的飞鸟落在它身旁的树枝上，抖落掉积压的春雪，接着迸发出沉闷的声响。随后那只受惊的飞鸟逃离树枝，将一缕惊慌遗留在院落的上空，坠入建筑体的阴影里。

四

建筑体顶部的尖塔甚是可爱，两个偏大些的，一个较小些的。三个不同大小的尖塔并居建筑的顶部，均以深绿为主色调，上面覆盖薄薄的春雪。耀眼的白与深沉的绿形成鲜明的对比，衬托出宁静的自然美。

檐头下部镶嵌许多砖石体，形状与正常砖石并无差异，只是体积偏小，等距排开，增强建筑的立体感。这些砖石体隐蔽于檐头的暗影中，如同大自然长出的生命，时刻给我们意外的惊喜。

二楼的檐头下，有一雕塑体附着墙壁之上，通体呈白色调，以中部圆轮为对称点，两端衬以天使的翅膀。彼此之间相互依偎、相互存在，打开观者的想象空间。这便是当年中东铁路的飞轮标志，如今依然保存完好，也成为这座建筑体的标志。

建筑体的两窗之间镶有花式瓷砖，质感极强，如同瓷雕嵌入建筑体上，颜色清晰，看不出多少被风蚀的痕迹。倒是瓷砖周围的颜色淡薄许多，仿佛斑白的岁月，诉说出建筑体内心的故事。

手指触动的瞬间，墙面的粗糙凸起即刻弹跳起来，折射出巨大的压力，震痛我的指尖。那些跳跃似的波动，宛若大海的浪潮，一浪高于一浪，直到压过空气流动的速度。

墙面的构造的确出乎我的意料，尤其粗糙的表象设计，是其它建筑体所无法比拟的。这让我在慨叹之余，心生敬畏之情。伟大的创造，皆来自细节的处理，看来这句话确有真实依据的。

院落内种植许多树木，虽是初春，树身枯萎，依然能够想象得到夏日里葳蕤茂盛的场景。几棵大树毗邻建筑体的躯干，甚至掩住躯体的部分表达，仍然无法影响整座建筑的外观美。

哥特式建筑自由化、不规则化的特点，在这座建筑体上表达得淋漓尽致。尤其那三个直抵云霄的尖塔，掩映在午后的光线中，迸发出耀眼的光芒。初春的雪，为它涂上洁白无瑕的灵动艺术。

徐纯一说："当代建筑空间中的光现象透过各种形态的光而被唤醒。"任何流动的光线，都不会受缚于建筑内部，凝结某种建筑的实体。所以看似不动的建筑体，往往由于光线的涉入而发生变异。

五

较之完美的外部构造来说，建筑体的内部则是另外一种样貌。或许是角度的问题，内部光线摄入的不够充分，通廊较暗。整座建筑体的举架相当高，有异于普通的建筑设计。

建筑内部除主体构造外，其余都已是现代化装饰。古雅的风姿与真实的布景相互参差、罗列其中，形成建筑体独具特色的艺术表达。尤其一些墙体的雕饰，弯曲自然、棱角分明，透过表象的粉饰，依稀能够看到雕刻的原初性。

室内设有旋转式楼梯，皆以木料构造，散发出古朴的馨香。每踏进一步，台阶便发出"嘎吱"的呼喊声，如同远古丛林中伐木的号子，震荡的声源波及整个所属空间。

攀附至顶层，俯身向下张望之际，瑰丽的景观出现。旋转的楼梯，由上而下呈现出唯美的心形图案，有大小相同的圆形灯阵列其中，形成完美的立体艺术。

我们无从考证建筑体的设计者，但能够体悟到设计的良苦用心。一座仿哥特式建筑体，在蕴含多种建筑风格为一体的基础上，更设计出多样化的图案表述，这不能不说是一种超强的思维理念与视觉体验。

据这里的工作人员介绍："木质楼梯及圆形灯都是最初的物件，由于保存完好，没有发生任何变化。"这才是我最想听到的声音。每一座老建筑都是有故事的生命，每一步成长都与历史紧密相关。

百年风雨成就了哈尔滨，更赋予其独特的地域文化。无论新与旧，都是它最完美的色彩，不会随着时间的变化而淡薄下去。它依然是通往西欧的重要中转站，依然在风云变幻中唱响生命的朝夕。

当我踏出室内的时候，太阳已经隐入西方的地平线。建筑体借着最后一抹余光，将影子移到躯体的背后。它四周坚实的柱墩裸露出暗色调，连同大批的铁艺围墙，一同淹没于拔凉的空气中。

随着一辆辆车子的驶离，铁艺大门发出孱弱的呼喊。我轻触上去，铁的气息瞬间袭击我的指尖，不断扩散开来，波及整个手掌。

大门上的铁艺丝丝缠绕，如自然界中的藤蔓不断延伸，直到大门的整个躯体。这些花草被镶于大门之上，尽显典雅与高贵。与建筑体的深沉宁静、古朴之风相映成趣，缔造出完美的创作组合。

我想我还会再来的。再来体会这种高雅的氛围和艺术创造。让建筑体的每一处细节，都珍藏在我的记忆中，连同它背后的传奇故事，成为我生命中的一部分。

马迭尔的空间存在

—

马迭尔宾馆位于中央大街八十九号，原名马迭尔旅馆，始建于一九○六年，地处松花江南，兆麟公园西，是座仿法国路易十四式建筑。它既有古朴的欧式建筑风格，又融入现代化建筑元素，更属于典型的新艺术运动建筑。

作为百年老街的中央大街，北起松花江防洪纪念塔，南至道里区经纬街，横跨多条商业街道，纵度千余米，被称为“哈尔滨第一街”，并以独特的欧式建筑著称于世。

一八九八年沙俄修筑中东铁路之时，带来大批移民，也带来不同的地域文化。这当中的大部分国外移民背井离乡，成为这座城市的首批建设者，他们把对家乡的思念融入到对这座城市的建设中。

几百年前的松花江地段本是条古河道，这里到处是大片的湿地和苇塘。每逢春夏交替之际，苇子于晚风中摇曳，变幻出各种各样的姿态。它们扭转的身躯，仿佛在诉说着这片地域的苍凉。

然而中东铁路的修建，打破完美的自然风光。大批沙俄护路队

马迭尔宾馆门前

进驻哈尔滨，筑路所需原材料通过松花江运来，卸在古河道。长此以往，运送材料的车辆在苇塘间碾出一条土路，这就是中央大街的雏形。

后来越来越多的中国劳工聚集于此，在大街两旁落户安家，人们把这条街称为“中国大街”，寓意为中国劳工居住的大街。这条大街犹如中国劳工的栖居地，更似他们的避难所。

自一九〇二年开始，大街两旁大兴土木，紧于施工，一座座洋行等建筑拔地而起，牌匾也多用俄文，此时的中国劳工已无立足之地。而日俄战争爆发后，整条大街变得更洋化起来，“中国大街”已经名不副实。

马迭尔宾馆便是这段时期的建筑物之一。它位居中央大街中段，矗立于繁华地带，与众不同的风姿，影映出欧洲建筑艺术的精湛之处。它如同一枚新生事物，被注入到这座城市的血脉，为城市的发展添加活力。

该建筑体的前身是中国劳工的民房，简陋且粗糙，每逢阴雨天气，中央大街布满泥泞，这些民房便会四处漏雨。那些噼啪的声响，似乎预示出时世的悲欢与炎凉。

俄国退伍士兵约瑟夫·卡斯普，看准中央大街的商机，用手中积攒的钱买下中国劳工的一排民房，打算建造一家宾馆，专供上等人享用。并听取他的好友——建筑师尤金诺夫的建议，把宾馆设计成新艺术运动建筑风格，历史上的“马迭尔”便由此诞生。

二

二〇一五年十二月的一个午后，我步入中央大街的人流中。一层层薄雾似的雪片飘洒，宛若仙子洒落的花朵，融汇到熙熙攘攘的空气中。顷刻间又如漫画般，涂抹着千米之长的老街。

建筑体上、树枝上、方石上都积满雪，来来往往的人们犹如远古的行者，披挂上白色的装备，或是悠闲，或是匆忙地穿梭在流转的分子中，与中央大街寂静的建筑体形成强烈的反差。

一支划动的扫帚投入到我的视野，它在薄弱的雪片中穿行，如同魔术师手中的精彩表演，不断地交换于气流的转换中，幻化出与众不同的艺术效果。接着我看到一双戴着棉手套的手掌，在竭尽全力地完成每一个动作。

疲惫由扫帚的末梢流淌出来，刻画出尖锐的纹路。它们穿透拔凉的空气，形成巨大的弧度，将方石的躯体涂抹上一道道印痕。宛如雕刻家们手中的刀儿，在寒凉的冬日里，构建成疼痛的存在。

几道痕迹从方石的躯体上划过，又旋转着穿过我的脚掌，继而被一双惊恐的目光生生截断。“实在对不起，不小心扫到您了！”声音穿越口罩的缝隙传递过来，如溪水般注入我的耳郭。

“没关系。”我笑笑，目光在中央大街与马迭尔宾馆之间来回游动，一双探求的触角已然深入，却未能通达目标的终端。“这是个好地方，经常来些有头有脸的人物。”口罩后面的声音再度响起，在这个淡薄的午后，滋生出大堆大堆的暖意。

“您经常看到吗？”我试探性地问，声音里蓄满期待。“我经常看到，也听老人们讲起过。”这话语触动我沉静着的每一根神经，它如同雪后暖阳照亮我的心窗。

他索性摘下口罩，黝黑的脸颊裸露冰冷的气体中。看上去六十几岁的老人，目光却炯炯有神，透露出少有的深邃度。雪片掠过他的脸颊，仿佛穿越凹凸的山峰，或是踏过起伏的丘陵。

那些纵横交错的纹路，正缓慢地移动，形成明暗交织的分界面，并一一凸显，构建成相互对峙的空间存在。唯有自信在他的脸部堆砌，形成强大的气场，透过文字的表述呈现出来。

老人在附近已经工作三十个年头，虽然清洁工作没能给他带来丰裕的物质生活，但中央大街为他的生命注入大量的新鲜元素，无时无刻不在影响他浅薄的思维。

他的记忆里存储着老街旧时的容貌，尘土与泥泞交错而来，不断袭击老街的躯体，形成强大的网面。唯有马迭尔宾馆在风雨中矗立，迎接着一波又一波显贵的客人。

他们由这里进进出出，扩散的影响波及整个时空维度。相继传播开去，化作历史洪流中的某个片断，再以细节的形式保存下来，久而久之，成为我们生命中难能可贵的一部分。

三

对于每一座建筑体来说，其建筑目的只缘于使用性，非今天的艺术价值。当回首昨天的历史，面对这些生动活泼、带有生命体温的老建筑时，我们会在震惊之余更加珍视它们爱护它们。

中央大街的方石不谙世事，却是富有灵性的，它在百年的风雨动荡中成长起来，是自然赋予它神奇的力量与生命的气息。它冲破世俗的庸腐，用强大的灵魂点燃体内蓄积已久的火种，牵动着色彩斑斓的光线涌向这条百年老街。

其每一次激情的燃烧，不仅仅是为了寻求完美，更是自身价值的体现。而这条穿越历史的百年老街，也因着这些方方块块的石头，呈现出一种奇特的魅力，成为中国历史的文化名街。

马迭尔宾馆在建造上更是精彩至极。它的组合体与方石并无相似之处，但存在的根性却大体相同。方石为筑路承受着百年的磨蚀，林立于风雨中。而马迭尔宾馆上的各种石体结合，在时光掩映下生长成不同的器官，承载起建筑体的生命延续。

建筑体的正门悬挂着“马迭尔宾馆”五个烫金大字的牌匾，在汉字的下面注有 MODERN HOTEL。寓意为现代、时髦之意。马迭

二十世纪二十年代哈尔滨石头道街

二十世纪二十年代哈尔滨石头道街

哈尔滨街景

哈尔滨街头

尔宾馆也确如其名，无论在建筑构造上，还是装饰上都美轮美奂，极富新艺术之特色。

它的立面处理十分考究，尤其窗子、阳台在布局上充分体现出新艺术的特点。我们知道，许多欧式建筑多在正门设有雨篷，一方面增加建筑体的活力与外观美，另一方面兼有遮蔽风雨之效。

这座建筑体的阳台独具特色，不仅仅是阳台，更是低一层的雨篷。它通体上下以铁艺维护，丝丝缕缕的藤蔓缠绕其中，使整个阳台兼雨篷生动活泼、美观大方。

阳台的下方以托石为依附，构建成坚实的器官体。托石呈卷曲的旋涡状，宛如时光水流中翻卷跃动的浪花，幻化成石头的形状，表露于浩荡的空气分子中。每一次光影的跳跃，都是自身的原初性体验。

夏季的夜晚，一缕缕绿色植被沿着阳台垂落下来。它们悬在一楼或二楼的门两旁，在夜晚灯光的映照下，呈现出翠绿欲滴的美感。这些翠绿朝气蓬勃，犹如注入建筑体内的有机液，焕发出生机与活力。

奥古斯特·罗丹曾说过："人与自然是相息相通的。"无论建筑体被注入哪种元素，它与自然界总是相辅相依、缺一不可的。这不仅仅是生动的艺术形式，更是一种自身的价值体现。

四

走在中央大街上，形态各异的欧式建筑随处可见。唯美的曲线设计与出挑的阳台，是建筑体的主要特征。虚实相映的细部处理，为建筑体平添轻盈的美感。

马迭尔宾馆除却出挑的阳台外，窗子的设计是一大特色。主入口的上方以三联窗的形式，强调建筑的立体感。二层以二联或三联矩形窗布局，三层则以三联式拱形窗加以处理。不同的细节处理，对建筑体的存在，都起到一定的推动作用。

一联窗与二联窗分别以不同角度呈现出来，错落地并置在三联窗的不远处。立体几何所流露出来的艺术分子，通过点与面的映衬，折射出与众不同的表达效果。

女儿墙的处理精致考究、平整大气，直线与弧线分别置入不同空间，并在有限的地域内构成合理的布局。凹凸部分参差错落、起伏不定，大幅度的夸张曲线，更衬托出建筑的立体感与外形美。

这种轻松活泼的处理手法，精致柔软的曲线设计，突出表现新艺术风格的特点，使得整座建筑体如同被赋予生命力，在阳光的映照下，通体上下散发出强劲的动态效应。

新艺术运动风格建筑起源于欧洲，以生动活泼的几何曲线与简洁流畅的装饰为重点，并附以部分雕饰为辅助体，使整座建筑体脱离古典传统设计的束缚，呈现出完美的艺术表达。

马迭尔宾馆的檐部处理便遵从这种设计方式。简洁的雕饰阵列而居，附着檐口处。雕饰体一律大方美观，以等同的间距根植建筑体内，创造出极富个性的空间维度。

墨绿色的穹顶展开充分的想象空间，将设计师的抽象思维，揉入到建筑体的顶部，在不同的时点上，流露出精美的表述方式。它每一处真实的呈现，都是一种深情的诉说。

穹顶的设计精致华美、大方典雅。大小均等的镂空体布局其中，于光线的折射下，迸发出历史的乐章。尖锐的顶部直抵云霄，割裂进大片的空气中，不时地绽放出锋利的呼喊。

每一座建筑体都是活着的生命，并在岁月的风云中保持着青春的姿态。其每一步成长，都将是历史的见证，更是我们追忆的过往。马迭尔宾馆历经百年风雨，以它史诗般的艺术风格独领风骚，传承世代。

五

一九二四年五月，由俄国工程师科姆特拉肖克设计监工，将刚刚修建成雏形的中央大街铺上方石。那一块块光滑密实的方石纵向铺上，与俄罗斯的阿尔巴特街上的花岗石有着惊人的相似之处。

从这铺就的路面来看，我们不难想象，设计者在设计施工的时候，是怀着对故乡的缱绻思念的，正是这份思念和设计符号，成就了哈尔滨“东方莫斯科”的美名。

据说当时一块方石的价格不菲，达一块银圆之多，堪称金子铺就的中央大街。这金子般的方石，造就了中央大街的高贵华美与富丽堂皇，与其周围林立的商铺、书店、旅馆相映生辉，既彰显西方流派的建筑之美，又传承这条老街的博大深远，使之成为远东地区极负盛名的街道。

历史上的中央大街几经变迁，由泥污满地的土道，衍化成铺满方石的大街，这不是朝夕之势，而是历史发展的必然结果。与这条大街同时成长起来的马迭尔宾馆，由新生成长到鼎盛存在。

一九三二年二月五日，日军攻占哈尔滨，东三省全部沦陷。随着日本人的进驻，中国百姓受尽凌辱、苦不堪言，处于“人为刀俎，我为鱼肉”的悲苦境地。而此时的马迭尔宾馆创建人——约瑟夫·卡斯普却是赫赫有名的百万富翁。

约瑟夫·卡斯普是一位俄裔犹太人，最初以俄国难民的身份来到哈尔滨，经营一家钟表修理店维持生计。由于他精明的商业头脑，加之犹太人的缜密思维，在极短的时间内便促成财产的原始积累，成为远近闻名的珠宝商。

他抓住商机，建起这座富丽堂皇的马迭尔宾馆，更成为一流的敛财高手。他的两个儿子也十分优秀，大儿子就读于巴黎大学，小儿子就读于巴黎音乐学院，是一位出色的钢琴演奏家。这些是他茶余饭后的基本话题，更是炫耀的资本。

狡猾的日本人盯住他的财产，寻找一切可能获取的机会。即使在约瑟夫·卡斯普做好应对准备的情况下，日本人伸出的魔爪，依然探向他的小儿子西门·卡斯普。

一九三三年八月二十四日午夜，西门·卡斯普被一群匪徒包围，拖到另一辆车子内，载到一个隐秘地点，以三十万的赎金威胁约瑟夫·卡斯普。无端的绑架如同天降之祸，胁迫着这位可怜的老人。

然而他拒绝绑匪的勒索。他以为日本人不会伤害到一位法国公民，尤其他的儿子。一个月后，他收到西门·卡斯普的一只耳朵，在震惊之余，这也仅使这位富翁出三万五千元的赎金，而且只在儿子回来之后。

约瑟夫·卡斯普置儿子的十几封求助信于不顾，以至于扬言儿子会被主动送回来，在儿子回来之前不付任何钱财。但是他的自信却阻挡不住日本人的野心，并在所有可能的情况下，使用卑劣手段去解决问题，更何况侵略者不会按照惯常的规则处事，更多时候是在歪曲事实，将正义与无辜抽打得伤痕累累、体无完肤，然后再附以极刑。在历史的截点上画出虚伪的句号，用以结束他们的罪行。

六

一九三三年十二月三日，遭绑架三个多月的西门·卡斯普被找到了，遗憾的是他已是一具惨遭杀害的尸身。一个年轻有为的钢琴演奏家，就这样成为日军屠刀下的亡魂。

他英俊高大的躯体备受私刑，形同骷髅。两耳被割去，裸露出疼痛的黑洞。原本白皙的皮肤，在东北极寒的天气里，被冻裂并四

目前，马迭尔集团
打造一个全新的国际性文化
争取用五年时间，
盛会、婚庆服务、
产总量超百亿元，把
Group Co., Ltd. is a modern corporate group
on the "hundred-year time-honored brand"
now the pillar industries as tourist hotel service
food processing and exhibition economy, etc
Up to now, the total assets amount to RMB
the annual income approximately amounts to
yuan, and both have created the best
nationality Mr. Alexander
Modern Hotel in Harbin in 1906
and it became a flagship of
hotel, cinema and jewelry store, etc.
of Modern is continuously
successively awarded with titles
Former Site for Preliminary
Time-Honored Brand" and
etc by relevant authorities.
"Harbin International Beer
Music Show" are famous
by the company. The playing of
in Darkness
Events of Modern in 1932" and the public
at Modern" and "Murder at
enhanced the reputation of the
influence of Harbin City.

约瑟夫·卡斯普塑像

处崩落，与积满污垢的尸身刺痛人们的眼眸。

约瑟夫·卡斯普执意要见自己可怜的孩子，送他最后一程。然而惨状使他彻底崩溃，在所有的希望破灭之后，约瑟夫·卡斯普发出疯狂的呼喊。他诅咒这个世界，和可恶的暴行。

在西门·卡斯普出殡当天，大批市民涌上街头，抗议极端的暴行。然而在中国法官审理此案的过程中，遇到许多意想不到的麻烦，最终宣判，四名罪犯被判处死刑，两名罪犯被判处无期徒刑。更令人发指的是两天后，日本人将首席法官秘密拘捕，宣布判决无效。于六个月后，由日本法官草草结束此案。

就这样，震惊中外的“西门·卡斯普绑架案”结束，一个优秀的钢琴演奏家，成为无辜的牺牲品，含恨客死异乡。约瑟夫·卡斯普在经历丧子之痛以后，并在抗议无果的情况下，带着满腔仇恨，远离哈尔滨这块伤心地，第二年病死巴黎。

美国著名作家、记者埃德加·斯诺于一九三三年来到哈尔滨，正值西门·卡斯普被绑架之时。他目睹约瑟夫·卡斯普的忧心忡忡，于是在他的文章《日本所建立的新殖民地》中写道：“哈尔滨，曾经是可喜的，而现在却号称为生死场了。”

可见当时的哈尔滨是畸形的、动荡不安的，百姓如孑孓蚊虫过着朝不保夕的生活，并随时都有被绑走的可能。偌大的城市被囿于侵略者的屠刀下，处于水深火热之中。

每一座建筑体都凝结着血与泪，它疼痛的喘息，诉说着悲凄的历史。它华丽的外表下，隐藏着令人悲痛的灵魂，如同被掩盖的生命因子，无法触及。

舒适豪华的马迭尔宾馆，通体上下散发出迷人的气质，它背后的故事却成为历史的痛处。

七

马迭尔宾馆的内部构造典雅大方、富丽堂皇。一幅幅壁画悬挂墙体之上，犹如镶嵌在墙壁深处的美好景观，经过阳光的衬托，呈现出完美的态势。或在不同的视角内，折射出不同的场景。

建筑体共分三层，二层和三层以客房为主，后期改建之际又增加一层。一层中间部位是主入口、前厅及会客厅，看上去精美整洁，豪华舒适。会客厅与餐厅相连，又与舞厅相贯通，它们彼此之间的衔接存在，系着狭长的冷饮厅。而另一端则与剧场相接，构筑成相辅相成、互相依存的合理布局。

冷饮对于地道的哈尔滨人来说不陌生。它如同一幅百年招牌，成为冰城哈尔滨的象征之一。马迭尔冰棍极其畅销，它朴实无华的外包装与优良品质，一直为人们所津津乐道。

建筑体的柱头上植入大量的雕刻艺术，此起彼伏，凹凸有序。宛若自然界中优美的植物体，被深藏于砖石所构建的混合物中，即使经历百年风雨，依然傲气成长，清新淡雅。

坚实的楼梯看不到岁月留下的痕迹。栏杆一律以黄铜建造，附以柔软的线条，尤其在细节上的处理大方得体、美轮美奂。这不是岁月的自然形成，而是时光沉淀的结果。

一盏大吊灯绽放出耀眼的光芒，仿佛一件珍奇异宝，悬挂在厅堂的顶棚处。尤其那些布局周围的唯美饰线，在灯光的忽明忽暗之间，迸发出奇异的光彩。大吊灯极致的美，折射出整个厅堂高贵的气质。其复古的风格虽然点亮大厅，但现代化的修饰终究抵不过历史的真实。

一座建筑体被赋予生命之际，便生成了灵性，在一定的基础上，展露出诗性的光芒。马迭尔宾馆的优雅舒适、豪华典雅正应着这种味道，于真实的场景中折射出完美的影像。

当指尖与内壁发生碰撞之际，隔着壁纸感知躯体的凸起部分。内壁与手指的瞬间挤压，以及由这挤压而传遍周身的流动感应，竟让我不知所措。我渴望探求内部的构造，又震惊其躯体的完美。

一时间我竟想不明白这些精雕细琢的场景，百余年来面对那些外来的攻击、风雨的洗礼以及诸多负能量的侵袭，如何能在保存完好的同时，又装点着马迭尔宾馆的华贵与唯美。它以火岩般的身躯，迎接着一波又一波细密的雨，或是猖狂的风，任其肆虐横行，搅乱生活的宁静。

那些穿透岁月的风雨，渗进生命的回响，终究没能击毁这些固有的坚实，又以完美的姿态，挥就了马迭尔宾馆诗性的光辉与七彩的浪漫。它作为中央大街的建筑群体之一，既是历史的存在，更是延续的根由。

透过弯曲的线条起伏，我仿佛看到当年的设计者们，于某个夜晚的特定时段，左手托腮，右手紧握一支思索的笔，在面前的白纸上用心描摹。时而蹙眉，时而远眺。慧智的眼神穿透时空的距离，将故乡与异乡的距离不断地拉近。

那纸张上千万条细线，牵绊故乡与异乡的两端，无数个这样的夜晚，思念在笔与纸之间频频出现。他用体内燃烧着的激情将信仰焐暖，继而复制出异乡中的故乡。

线条在他们的手掌间往复循环不断流转，于坚硬的泥土中变换着身姿，期望摆脱俗世的桎梏，或是等待着迸发出叶子或是花朵的时刻。那叮叮当当的声响，叩痛他们思乡的心音。迷茫的眼神蓄满期待，他们没有烛光来指引脚步，更没有通透的灯火开道。他们只能在那些叮当作响的石头中探寻一缕希望，在铁锤与锁链的撞击声中等待故乡的还原。

八

大厅的左边是宾馆的接待处，右边靠近墙体的位置，则摆放着约瑟夫·卡斯普的铜像。背景是马迭尔宾馆的大幅图片，及部分说明文字。“哈尔滨马迭尔集团”几个红色大字附着顶部，翔实地增强马迭尔宾馆的透明度。

约瑟夫·卡斯普的铜像底座呈长方体状，上面刻有一段文字：“做就做成一流，否则宁肯不做。”落款处为约瑟夫·亚历山大罗维奇·卡斯普。他身穿西装，系领带，目光直视前方，宽大的额头渗透出智慧的光芒。

作为宾馆的创建人，他或许不会想到，百年后的今天，马迭尔已经成为资产达七个亿的集团，并创建以宾馆服务、食品加工、冰雪旅游等为主打效应的文化品牌，是年收入近三亿元的大型现代化企业集团。

宾馆的走廊明朗通透，两旁分布大小不同的房间。橘黄色的灯光，透过空气的流动效应折射到墙壁上，彰显出温情的暖色调。这里的房间依旧保持原状，老派的布局与复古风阵列其中，使人仿佛穿越到上世纪的时光中，从历史与现实间探索一种记忆的存在。

这里下榻过的名人不计其数，如宋庆龄、刘白羽、徐悲鸿、茅盾、郭沫若、丁玲等，及美国著名记者、作家埃德加·斯诺先生。一九二九年五月五日，国母宋庆龄在此下榻，这是唯一的一次，并留下珍贵的影像。

埃德加·斯诺一九三三年夏季来到哈尔滨，下榻三一四房间，哈尔滨为他留下深刻的印象，且频繁出现于他所撰写的文章中。直到回国后，他一直关注哈尔滨，一九三八年还曾为万斯白的《日本的间谍》题词。

作为百年宾馆，马迭尔与哈尔滨的重要事件及人物，存在着千丝万缕的联系。它如同一座生命的载体，矗立在历史的洪流中，在风雨动荡中，感触并回应着世事的沧桑，与错综复杂的人际关系。

如今步入其中，豪华典雅的装修与内部设计，无不流露出复古之风。各界名流曾经下榻过的房间依然保持原貌，直抵屋脊的大窗，落地的窗帘，透过游动的离子，稀疏散落地毯上的光源，处处折射出昔日的摩登艺术。

光线穿透格局优美的窗子，中央大街的欧式风情尽收眼底。夜晚在灯光的映射下，中央大街上的建筑体金碧辉煌，美观大气，如同一座座欧式殿堂矗立方石路上，缔造出完美的艺术组合。

来来往往的行人喜欢这温润的夜色，沐浴其中，留恋着中央大街的美景及传统的美食。其每一处呈现都将使历史定格，成为生命的重要组成部分。这不是简单的景观使然，而是中央大街上建筑体的艺术体现。

马迭尔宾馆曾举办资助慈善组织的义卖、选美比赛。一九四八年九月至十一月，新政协筹备活动在此举行。作为百年宾馆及史料的存在，它更具备无法估量的科学价值。

二〇一六年三月二十七日，我再次踏上凹凸起伏的方石路，试图寻找记忆中过往的曾经。春天的早晨阳光明媚，空气中夹杂着淡薄的凉意。这里依然人头攒动，地平线上升起的晨光，为中央大街披上华美的外衣。

马迭尔宾馆傲然屹立，宛如一件巨大的艺术品在光线的映照下，呈现出唯美的轮廓。大批光源汩汩而来，投影到它的躯体上，刻画出精致的外观表达，为整座建筑体平添珍奇的一笔。

曾经或许是美好的，但它随着时位的转移，发生意想不到的变化。每一次时空转换，都将是全新的开始，或是原始的初体验。过往的时光，终会停留在历史的存储器中，不断发挥积极作用。那些所谓的寻求，将会化作艺术美感与诗意享受，永远融入到我们的生命中。

诗意在建筑中栖居

一

这个清晨，在历史与现实中穿梭，凌乱的雨丝，裹着潮湿扑向窗棂，大片大片的撞击，碎裂成奔放的水域。摘下一朵水花，如同撷取历史的碎片，堆砌筑合，于灰墙绿瓦间觅一栖身之所。

二○一五年七月二十二日上午，我将秋林公司装入视野内，把这段历史尘封记忆之中。三十七岁的林晨，系秋林公司的保安。他在这里工作达六年之久，每天看到这里人来人往，看到生活的变化多端，尤其百年秋林为他留下深刻的印象。

据林晨讲，秋林公司在改扩建四次之后，成为规模庞大的现代化综合商场，同时又被命名为“中华老字号”，集食品、服装、饰品等为一体，是省内唯一一家商业上市公司。

“这是秋林公司的创始人——伊万·雅阔列维奇·秋林。”沿着林晨手指的方向，穿过繁复的光线组合，与参差罗列的服饰专柜，这位俄国巨商半身像映入我的眼帘。

室内强烈的光线，与他身后的屏风发生碰撞，折射出鲜有的亮丽。屏风上几行黑体小字，阐明了秋林的起源："沿着阿穆尔河流域，以轮船运输起步的俄国商人伊万·雅阔列维奇·秋林先生于十九世纪中叶，创建了秋林公司。随着中东铁路的延伸，在哈尔滨开设分公司，取名'秋林洋行'。自此，'秋林洋行'成为中国第一家百货公司。"文字的上方，附有中东铁路的黑白简笔画，透过明亮的光线，历史的车轮仿佛穿越纸背，缓缓驶来。

伊万·雅阔列维奇·秋林，其半身像近一米高，置放黑色底座之上。西服着装，无两臂。稍尖的头顶，发丝束后，显得干练利落。长胡须于光线的映照下，形成光滑的纹路，起伏间透着神秘感。他目光直视前方，流露出果敢的坚持。犹如幻化的思维，由心底深处升起，又如奉献般永恒。但这奉献是一种智慧，是他一生的道德操守。

法国科学哲学家加斯东·巴什拉在文章中曾指出："古老的思想越过千年，带着它们原始的纯真不断地出现在富有智慧的想象中。"人类的智慧是无穷无尽的，它也只有被赋予大胆的想象与创新，才能发挥作用。如同光线，只能与事物的表象发生摩擦，而热量才会深入其内部。

人的思维是没有地域的存在，但是强大有力。

秋林公司我已来过多次，每次都是浮光掠影般走走，目光游离于物品的华丽多彩处，从未深入探究过这华丽的背后，深藏着怎样的历史。就像落入事物表面的光点，其体内的热量，未在思维处显现一般。

或许多数人都持有这样的态度，对秋林及其历史的误读，皆源自我们思想的浅薄。面对伊万·雅阔列维奇·秋林的目光，和睿智的思想与创新，激动的潮水汹涌而来，顷刻间点燃我理性的思考。

一八九八年，随着中东铁路的修建，大量侨民涌入哈尔滨。这当中有俄罗斯、德国、波兰、丹麦、奥地利等十几个国家的民众，以及作为流浪民族的犹太人。他们大多因为战争来此，如同无家可

（哈爾賓）新市街チユーリン百貨店前の繁賑振り

DEPARTMENT STORE (HARHPIN)

秋林洋行

归的孩子，渴望在异域世界里，打开新生活的通道。

当时的哈尔滨，正处于小渔村与大城市之间的过渡阶段。大兴土木的修建，与渔牧晚歌的田园生活，形成鲜明的对比。宛如一部影片的不同场景，为个性哈尔滨的创建，奠定坚实的基础。

秦家岗作为整座城市的制高点，由于土质肥沃，水源充沛，种植着大片的玉米和高粱，间或分布些片状的丛林，与葱绿的庄稼形成交替状，宛若天然点缀，赋予大自然唯美的浪漫。树木郁郁葱葱，小径自然幽静，空气中到处都弥漫着清香的味道。

秦家岗即是现在的南岗区，原本是一小村子，只因住有一秦姓人家，所以称之为秦家岗。它位于具有摩登风格的哈尔滨火车站附近，四周树丛林立，遮云蔽日。丛林所构成的绿荫，形成巨大伞状，犹如自然界赐予人类的天然布景，紧系秦家岗与火车站之间，相距一公里之遥。

穿透时光的离子，我们不难想象，立于城市这一中心点上，目光所及之处，已然包罗城市的整片地域。周围四通八达的射线状街道，林立而起的建筑群，如圣·尼古拉大教堂、莫斯科商场、新哈尔滨旅馆，将这一制高点围成环状区域。建筑体豪华典雅、装饰烦琐的造型设计，还有丰富多彩的外域文化，为这片土地创造出热烈的氛围。

秦家岗仿佛一条卧伏的巨龙，头朝东，尾向西，制高点作为“龙脊”，成为哈尔滨人心中的风水宝地，同时也成为沙俄口中之食。而秋林公司作为最早的商行之一，理所当然地成为那个时代的产物。

秋林公司原名秋林洋行，始建于一九〇〇年五月，地点在香坊区的草料街与军政街拐角处。创始人为俄国巨商伊万·雅阔列维奇·秋林，出生地在俄国的伊尔库斯克市，早在十九世纪初期，他已在这座城市建起秋林公司，即托拉斯企业，生意如同东升的朝阳，日益壮大，独揽整个商业市场。

中东铁路尚未通车之前，伊万·雅阔列维奇·秋林便看好中国市场，把秋林公司总部迁至哈尔滨。这座正在成长中的城市，敞开胸怀接纳八方来客，包括当时的秋林公司。后期为扩大经营，秋林公司于一九〇二年迁至秦家岗的东大直街。

当时的秦家岗已是高楼林立，街道纵横交错。在这些建筑群体中“新艺术”风格居多，秋林公司当属其中之一。就算在今天，这座二十世纪之初兴建的建筑，其庞大的躯体，炫目的色彩，傲然挺拔的气势，无不彰显出一份诗性。

秋林公司整体建筑三面临街，即环绕奋斗路、东大直街与阿什河街之内。深沉的灰绿色调，与周围林立的现代化建筑，形成强烈的对比。儒雅大气的格调，更彰显出历史的庄重与沧桑。

精美的穹顶呈现出银灰色调。太阳强烈的光线扭转着身子，一次次撞击回弹，于舞动的气流中绽放出多彩的图案。底座丰富的线脚，配以花状浮雕，为饱满的鼓座平添委婉大气之势。穹顶上刻有各种花纹，隐藏流动的光线中，通体上下呈现出波动趋势。雕饰细腻活泼，整体热情唯美，将巴洛克建筑风格表现到极致。

底座附着檐部上，建筑体外檐等距饰以各式浮雕，大胆创新的风格，与富于田野气息的雕饰，形成建筑体独特的风貌。多种雕饰此起彼伏，间或显露小状镂空体，与之交替阵列，呈现出俄式建筑的固有特色。

光线是建筑体的生命，哪里有光线，哪里就有活着的建筑体。

临近东大直街的立面，顶端凹凸相间的雕饰物，在阳光的折射下，呈现出灵动的气势。雕饰物依附建筑主体之上，顶部呈半圆状，并镶有花状小浮雕。与半圆状下端相连的是一组附带镂空体的浮雕，并以半圆状球形雕饰为对称轴，两端对称分布，呈现出均匀阵列的布局。

檐部下端附着各式浮雕，凹入隐蔽处，在明暗相间的光线中，

二十世纪七十年代的秋林公司

哈尔滨东大直街和秋林公司旧影

若隐若现，起伏错落。植被与动物间隔排列，等距分布。这让我想起自然界中的动植物，它们之间各得其所、相安无事的生存状态，与此处布局是否有着异曲同工之处呢？

建筑体的窗子在设计上风格大胆，独具匠心。每扇小窗都是独立的个体，间隔的大窗分为两扇，中间饰以立式浮雕，呈长方体状。上端系半开的花朵，花瓣朝下，并附有未开的花蕊。底端只是嵌以简洁的花朵，花瓣朝上，与上端的花朵对称分布，自然气息浓郁。

一九一三年诺贝尔文学奖获得者、印度诗人拉宾德拉纳特·泰戈尔指出："艺术家是自然的情人，所以他是自然的奴隶，也是自然的主人。"由此，我们可以断定，当艺术家们执起手中的笔，每一点每一条线段的切入，都是那么小心翼翼、谨慎细微，对待这个新的生命体，就如同呵护自己的情人。既是依附，又是掌控，将所有的思绪赋予建筑体中，使它富有感性的思维，渗透出生命的活力。

建筑是活着的生命体，更是诗性的存在。

二

二〇一五年七月二十八日上午，秋林公司停车场的收费工，为我讲述他关于秋林公司的片断性记忆。他叫曹福林，已在这附近住了五十多年，今年六十四岁。他小时候住在马家沟附近，那时候的马家沟未经改造，空气质量相当差，他便和小伙伴们经常跑到秋林公司附近玩耍。

据曹福林回忆，当年的果戈里大街上有一段铁轨，如同一条弯曲向上的蛇，攀附在革新街至儿童公园路段，正巧横贯整个坡度。他们经常去乘铁轨，由起点至终点，把这当作生活的一部分。更何况下了铁轨，距离秋林公司也就不远了。

他们最喜欢秋林公司晚上的景色，在周围几乎漆黑一片的时候，唯有秋林公司灯光闪烁，富丽堂皇。在这美丽的景色当中，常伴有美妙的音乐声，此起彼伏，不断吸引市民驻足、停留。秋林公司对于他们来说就是世外桃源，那些美妙与新奇，在某种程度上，已然叩响他们通往新生活的门槛。

“突然有一个晚上，”讲到这里的时候，曹福林将目光伸向远处，在努力搜索记忆中的影像，最终，我看到他的目光黯淡下来，无奈地投向地面，“不知道那个晚上发生了什么，第二天早晨我们发现铁轨不见了，没有一丁点儿残余。只是发现那些松动的泥土，贯穿整个坡度。”

透过他思索的目光，我似乎看到那群失落的孩子，面对这突然的变故，所表现出来的纠结与无措。自那以后，曹福林和小伙伴们只能步行到秋林公司，直至搬到这附近住。

秋林公司当时建筑的布局是前店后厂，生意相当红火。如今厂房已经破败不堪。在曹福林的引导下，穿过来往的人群，我看到那些锈迹斑驳的窗子和铁门。窗子采用木质框架，外设铁艺栅栏。穿透岁月的光影，那些铁艺栅栏依然坚韧有力、生动活泼。手指触碰的瞬间，爆发出坚实的弹力，如同历史与现实的交汇点上投射的一截光，拓染整个空间的存在。

铁艺栅栏以十字为对称轴，均匀分布心形图案，并以旋转型铁条固定，构成倒立四边形。这造型唯美的铁艺栅栏，几乎悬浮于破败的窗框外，裸露在岁月的风雨中，不免令人心生痛惜。

铁门铁质尚好，看上去坚实无比。铁栏铸以花状铁艺，宛如旷野的植被，生长在铁质的土壤中，历经百年之久。沿着花朵纤细的纹理，我仿佛看到由智慧与灵性编织而成的优美存在。每一处惊奇与想象，都是生活叠加的结果。

目光穿越铁门的缝隙，一段狭窄的通廊投入视野，阴暗的光线下，散发出冷冷的气息。通廊投入视线的面积并不大，到处堆积着杂七杂八的物件，一些起伏的凹凸，犹如瘤状物从地表的坚实中生长出来，扰乱整个空间的氛围。

在这阴暗的气息中，打开记忆的通道，我努力搜索书本中厂房的模样。突然发现，曾经的鼎盛与辉煌，宛如唯美的梦境，于时光的水流中蒸发干净。就连那些与之有关的人或物，都如同一个个跳跃的音符，在历史的洪流中一闪而过，只有那模糊的声响流淌在风雨中，达一个世纪之久。

三

秋林公司作为中俄战争的产物，它的崛起与历史不无关联。而作为人类共同遗产，它的发展与壮大，又与我们每个百姓息息相关。它的变迁与发展，为我们串起一段段不同寻常的回响；它的坚强与不俗，为哈尔滨的商业托起一条全新的路径。

二○一五年八月一日下午，当天空打开灰色的幕布，即将吞没最后一缕光亮的时候，我在人海茫茫的街头，失意地望着秋林公司的老建筑，意外地遇到尹吉有老人。

尹吉有老人，家住海关街，今年七十五岁。出生自黑龙江省肇东市的一个乡村，十八岁开始在哈尔滨机务段工作，直到退休。老人很健谈，是个乐观派。从他的言语中，我看到那些为数不多的、默默关注这座城市兴衰的百姓。他们如同暮色中的庄稼，以仅有的热量，维护着家园的和谐与安宁。

在海关街与西大直街交口处，那些无形中长出的框架，挡住我的视线。这是我常来常往的街道，但发现这里有异样，还是第一次。“大爷，您知道这里是什么时候拆掉的吗？”我的问话，拉开我与老人谈话的序幕。

据尹吉有老人讲，现今的供水公司大楼是日本人建起来的。正门对应邮政街，后门临近西大直街。偌大个场院中间矗立的圆状物，是当年日本军的水库，如今应该废弃不用。后门不知从何时起被拆掉，取而代之的是现今的一排框架，据说将会建成商亭，引进服装、食品之类。

越过稀薄的空气，我看到老人目光中流露出的惋惜。“说不定哪天一觉醒来，又有哪座老建筑无影无踪、没入尘土了。”老人的惋惜中夹杂着叹息，连同风声卷起的气流，一同淹没在暮色中。

在气流流转的缝隙中，那座世纪之初的幼儿园、博物馆中心广场以及秋林公司等等老建筑，落入我的视线空间。提到秋林公司，老人的话匣子算是彻底打开了。在老人眼中，秋林公司可是个大物件，用老百姓的话说：“能建起秋林公司，老毛子真是了不得！”

据老人回忆，刚来哈市工作的时候，家人不在身边，他和工友们住在单身宿舍，每天晚饭后喜欢逛大街，还经常跑到秋天公司的厂房去买大列巴、格瓦斯。

一九〇八年，秋林公司便投入使用。所有办公用品及物件，皆由俄国总部运来，大到工厂的机器，小到桌椅、钟表，那些徽章代码各个精致考究、与众不同，极富专业水准。具有贵族血统的发酵饮料秋林·格瓦斯，就是在这个时期走进中国，走进哈尔滨千家万户生活中的。

相传一千年以前，俄罗斯人的祖先开始研制格瓦斯。他们以俄式大面包、麦芽糖等为基础原料，把它们放在竹筒里，进行搅拌，发酵而成。一九〇〇年，中东铁路修建之际，秋林洋行成立，也将格瓦斯饮料的制作工艺带入中国，深受哈尔滨人的喜爱。

俄国伟大诗人亚历山大·谢尔盖耶维奇·普希金说过：“对于他们而言，格瓦斯就像空气一样不可或缺。”

透过鲜活的历史，尹吉有老人的话语如同一抹镜片，折射出千万条光线，顷刻间打开我困囿已久的想象空间。这一切又让我想起在遇到老人之前，我曾到过秋林公司的厂房，老更夫不屑的推诿，让我的心浸入冰冷的地域中，于历史与现实中挣扎。

我无法谴责人们对历史与社会关注度的多寡，只能说在如今的社会中，人们更倾向对自身生活的关注，以及衣食住行的关心。至于社会与历史，那是研究者们的事情，与百姓无关。尹吉有老人却是个例外，他对历史了解得并不多，但在言语中表现出的诚恳与善良，已不多见。

我作为这片土地上的小小子民，若蝼蚁为生计匍匐前行。偶尔涂鸦些文字，寥若晨星，却无法点燃梦想深处的火焰。但我坚信，秋林公司于新思想的潮流中，在浩如烟海的智慧与开拓中，定会摆脱固有的陈旧，点亮遥远的烛火，续写诗性的辉煌。

第四卷　触摸历史

格罗斯基药店，在哈尔滨这座城市的版图上，宛若一滴滴落纸间的墨迹，以其孱弱的身躯，凝固成城市的一座雕塑。洗尽铅华、淡然沉着，沐浴在漫流的光影中，感受着时世沧桑、岁月堆叠。

被时光冷却的老宅

格罗斯基药店，在哈尔滨这座城市的版图上，宛若一滴滴落纸间的墨迹，以它孱弱的身躯，凝固成城市的一座雕塑。洗尽铅华、淡然沉着，沐浴在漫流的光影中，感受着时世沧桑，岁月堆叠。

这座老宅的墙体，在时光中已然褪去初始颜色，如同铁匠炉里烧透的铸铁，绽裂出疼痛的孔隙。阳光狭长的身躯，经由这些孔隙挤进去，渗入它身体的每个角落，再将余下的部分割离于空气中。它抖颤的躯体，在北风的驱动下，发出深沉的呼喊，仿佛在诉说着历史的痛楚与惋惜。

老宅位于果戈里大街一百八十一号，恰是果戈里大街与比乐街的交会处。果戈里大街原名新商务街、果戈里街。地处南岗区中部路段，南起文昌街，北至一曼街。早在十九世纪末二十世纪初，随着中东铁路的修建和欧式文化的引入，围绕哈尔滨市中心广场周边垫起街基，构筑起果戈里大街的雏形。它宛若一条蜿蜒爬行的蛇，叠积在哈尔滨人的生命中，至今已有百余年的历史。一九〇二年，秋林公司为扩大经营规模，将位于香坊区的秋林分公司，迁至南岗区东大直街与果戈里大街交会处，果戈里大街也逐渐开始夯实起来。

格罗斯基药店始建于一九二一年，典型的砖混结构，而且砖石

二十世纪七十年代的东大直街

之间摆放整齐，参差罗列，在布局上为我们打开感观上的享受思维。楼体并不高，但占地面积偏大，跨幅式横宽，仿若巨大的长方体，只是腰身纤瘦些而已。建筑的整体颜色并不艳丽，以红灰色为主色调，配以少许辅饰色彩，却也不明显。据有关资料记载，一九三〇年，由中东铁路的一些俄国职员筹资，在此创办环城银行。其实它是一家小银行，总资产仅有五万多元，并未设置分支机构，只办理简单的存放款业务。直到一九四二年，由于日本和伪满政府对金融的控制，致使其被迫停业。

后期的格罗斯基药店，一直是商业住宅楼，在老奋斗路改修的时候，对这条路段进行过欧化处理，使之成为这条路段上最为独特的老式建筑。其外形起伏有致，线条唯美，建筑整体呈现出立体几何式的线性比例，对称式的弧线入口，彰显出古典建筑的风范之美。老宅是带有半地下室的两层建筑，临近街道处有许多拱形窗户，酷似圣·索菲亚大教堂的窗户构造，表达出细节创造上的完美之处。它简朴大方的外体结构，跳跃着的灵动韵律，在哈尔滨也是极少见的，隶属于典型的折中主义风格式建筑。

折中主义风格式建筑，兴起于十九世纪上半叶至二十世纪初。当时为了适应社会的发展和部分新体制的需要，建筑师们可以随意模仿历史上的各种建筑风格，并自由组合，任意搭配，但在整体上更偏重建筑的平衡及外形美。罗曼式建筑风格、拜占庭式建筑风格、哥特式建筑风格等等，往往会出现在同一座建筑体上，在设计者们的发挥与想象空间中，呈现出一种全新的建筑风格，更演绎出一种综合式结构之韵味。而素有“东方小巴黎”之美誉的哈尔滨，大多保护建筑均属于折中主义风格，其代表建筑有铁路文化宫、车辆厂文化宫、亚细亚电影院和新闻电影院。

格罗斯基药店，就是在这样的情形下落地而成的，历尽风雨，被淹没于湍急的历史洪流中。其外表深沉、内敛，静谧而祥和。唯

二十世纪八九十年代的环城银行，它的前身是格罗斯基药店

有突出的顶楼设计，牵引着行人的视线，一次又一次驻足、停留。半圆形与直线相互交合、穿插，形成交替状，显现出凹凸相间的艺术效果。光线洒在上面，如同锋利的刀刃，切割出等状的镂空体，嵌入钢筋水泥之中。那些交相出现的构件，起伏错落的曼妙姿态，让我想起圣·索菲亚大教堂的附件构造，空气中划出的光径，折射出耀眼的灿烂；又如斧器凿割出的沉积，经过暴风雨的洗涤和时间的打磨，固化成深度的坚实。

从视觉上判断，顶楼是一平坦去处。与中央大街上的一处楼顶花园，有着异曲同工之处，悬吊的盆景，馨香的西点，以及周遭那些大胆、夸张的创新设计，无不流露出灵动之美。穿透雾霭与尘埃的光线，由黑暗的影像中抽离出来，附着另一片宁静的领域，试图割断我们内心的浮躁与不安。这宁静的顶楼，那时那境，或许也是个温暖、独处的世界吧。

格罗斯基药店，整个躯体所投射的影像，在强烈的光照下，逐渐变得矮小，宛若空中坠落的无名体，吸附着脚下的地表。地表由于暗影的存在，呈现出暮灰色调，即使强光穿透复杂的视网膜，仍无法放射出明亮的色彩。当午后的阳光越过空气中的离子，经过一系列物理或化学变化，散落在红灰相间的墙体上，那些喘息颤动的斑驳被时光唤醒，正催促着风的流动，企图阻止岁月的割裂、时间的狂奔。

我看见老宅背后的疼痛，正撕扯着它的躯干，在那抹苍凉上刻画出一处处印痕。它正以痛惜的目光，凝视着周围的一切，街道上的来来往往、进进出出。靠近街角边坐着的老者，与这老宅构成相互对应的场景。倾斜的光线正洒在老者身上，仿佛唤醒他沉睡的记忆，和这座老宅几近百年的历史。老者几乎与老宅同龄，他看着老宅从辉煌到衰落，更看着老宅在俗世的浸染中，栉风沐雨、悄然无息。“进不去那道门了，都封上了。”那近似绝望的摆手，和这句反反复复的叮嘱，囊括老者全部的心酸与痛苦。他浑浊的目光，穿越历史的风尘，为我们带来不尽的焦躁与冰冷的空无。如同他面颊上纵横交错的纹路，见证着老宅的风云历史，却喂食不了现代人蓄满激情的欲想。

奥古斯特·罗丹在《法国大教堂》一书中说：“科学与工业已将巴黎的风景洗劫一空，我们还是去小城市吧。”文字虽不多，却表达了雕塑大师内心深处的疼痛，对于即将远去的古老文化的不舍。在他心中，每一座大教堂都是活着的生命体，是呼吸着的真实存在。任何时间段上的修复与改建，都是笨拙的包装，或者削蚀。而没有经过修复的老宅，早已被打上“远离危房”的烙印，我们只能看到它衰败的表象，却终是走不进生命深处，更无法聆听它于风雨中迸发的回响。老宅已无关乎过去，无关乎未来，它犹如街角那位佝偻脊背的老者，隐入阳光的背后，思索着什么，又等待着什么。

这座摇摇欲坠的老宅，一楼已被不同商家挤占原本不大的空间，覆着丰富的物件，看不真切里面的情形。“户外休闲”、“专卖定做”等等广告字样，填充物般塞满老宅的窗口，如同暗夜蒙住老宅的眼眸，障蔽住充沛的思维。它呼吸不到新鲜的空气，享受不到光束的抚摸。一些龌龊不堪的颤动与挤压，充斥着老宅的躯壳，纠缠它原本羸弱的灵魂。偶有挣脱束缚的砖石，试图逃离这种被困囿的状态，却终是未能躲避俗世的侵扰，遁入光后，无以回归。

那些临街窗户上的广告字样，如同膏药般贴覆在老宅的脚踝处，牵绊着前行的步履。这里的业主是位中年人，据他所说，格罗斯基药店是果戈里大街儿童公园至革新街路段上，唯一一处历史性保护建筑，创建者不详，对它将来的走向很牵挂，至于其他便无从知晓。午后的光线洒在他黝黑的面庞上，瞬间折射出无奈的忧虑。

目光穿透深暗的通廊，我看见老宅紧束的腰身变得狭小，一些细微的颗粒被眼睛捕捉到，继而又把它们放回舞动的行列。许是多时无人打扫的缘故，地面上堆积着已经凝固的泥浆，以及七零八落的物件。通廊深处一片幽暗，即使在光线的映射下，那些物件依然没有立足之地。我凭借想象辨别着老宅内室的构造，以及简朴的雕饰，仿佛步入一座迷宫的领地，任何强大的光路，都无法启动大脑中最高形式的意识形态。我感到我的思绪在盲目地行走，在这样的领域里被束缚，被压迫，以至于进入莫名存在的状态。虽然老宅门窗紧闭，我感受不到它躯体的温度，却触碰到心底最深的冷意。

时光在阴暗交叠的通廊内，营造出孤独的气氛。一缕光打在墙壁上，又被弹了回来。或许那光线不曾射入过，只留下通廊的影子，艰难地颤动着。

我看不真切的东西太多，比如通廊里那些游动的粒子，还有被时光打落的生命体。它们都曾依附老宅，曾是它身体的完整部件。虽然它们在形式上各有差异，独立存在，但它们构建老宅的整体，驱动它强大的生命力。

我凭借脑海中的意象，打开老宅昔日的辉煌场面：人头攒动，互相奔走，如同白昼与暗夜之间的割裂，构建成一种对峙的盲区；我似乎看到它曾经喧闹的光景，店员与顾客之间，老板与员工之间，彼此予以温暖和宁静；我又似乎闻到它体内散发的幽香，浓淡相宜的光影下，叩响时代的心音，或者让人们享受充裕的生活。然而它依附体表的裂痕，经由光线散播，正为我们传递出现象的真实，形成光明渐褪、灰暗蔓延的伤痛。

伸出手指轻触老宅体表的砖石，和那些交错的裂缝，它的坚实宛若离弦的箭射中我柔软的指尖。一股寒流穿透斑驳的墙隙，迸发出汹涌的气息铺将开来，和着光线的律动，建构成强大的气场。砖石与砖石之间等项排列，由水泥凹槽缝合在一起，如同平坦的地平线上，被空气压扁的沟渠。

二楼看似空着，拱形的窗户在阳光的折射下，绽放出线路的拼接。那些稀疏的碎裂，犹如老宅新添的疮痛，在明亮的天空下凸显凄凉。窗与窗之间镶嵌着等同比例的圆柱体，将窗子隔离成相互不同的独立。而柱体与柱体之间有的单独矗立，有的两根细柱并列而居，互不干扰，却又互相支撑。唯有正中一根长柱横贯二楼，通达顶层，宛如人体的脊柱，起到对建筑整体的支撑与平衡作用。

这根直抵顶端的长柱，身形健壮有力，充满男性之美。即便沐浴百年风雨之中，它隐性的雄壮依然彰显出顽强的生命力。宛如古希腊建筑的多立克柱，肉体丰满，威武强健。古希腊的多立克柱出现于公元前七世纪，是古典建筑中出现最早的一种，它的特点是身形比较粗大强壮，柱身和柱头的形式较为简朴，又被称为男性柱，通体上下流露出人性的光辉。老宅的柱头支撑着楼体的顶端平台，底座擎起整个外延及至楼体。矗立其中，昂首耸立，把建筑师们智慧与灵感的有机结合，发挥到极致。

波兰作家兹比格涅夫·赫贝特在《花园里的野蛮人》一书中曾说，石头与人是同源的，石头散发着人体的气息。无论这些石头从哪里来，又是通过怎样的途径而来，它们在经过人工雕琢之后，都被赋予人体的气味与思维。在建筑师们的思想意识中，石头所组成的零散构件，便是建筑体的不同器官，它们相辅相成，与建筑体共呼吸，是自然界中最完美的生命组合。

兹比格涅夫·赫贝特还明确地指出：古典建筑的美是以它每一个构件相互之间，以及它们对整体的布局，有一个适当的比例表现出来的。古希腊的神庙产生自几何学金色的阳光下，由于数学的精确性，这些作品将随着时间的变化和审美观的改变而改变。均衡不仅是审美的要求，而且是整个古希腊社会秩序的表现。

由此我们可以判定光与建筑之间的关系，建筑师们运用数学原理，几何学的介入，推断出建筑的整体平衡性。而且在光线的配合下，建筑主体与附件之间相互支撑，既独立，又依附，形成坚固的内包围。黑暗的绽裂终将产生极度的光。

正对长柱的顶楼，一座拱形门将楼体两端分割开来，上刻“1921”四个阿拉伯数字。两端附有墙扶垛，敦厚且大气，但比不上圣·索菲亚教堂上的辉煌，略显微小状。墙扶垛的上端呈圆球状，在金色阳光的照耀下，如同镶于冠冕上的明珠。

顶层的镂空体等距排开，凸起在拱形之间，或直线与直线之间。它们的阵列方式与圣·索菲亚大教堂上的小镂空体有所不同，圣·索菲亚大教堂的小镂空体系依附大建筑体上，老宅的镂空体是深陷建筑体中，两者呈现出截然相反的布局，足见建筑师们在设计这座老宅的时候，是取舍分明的。但也不难看出，这座老宅的建造，有着古典建筑完美结合的精妙之美。

午后的阳光，逐渐转入老宅的背后，它的影像随着光线急速移动，最终只剩下苍白的灰色调，透过淡薄的空气缓解内心的压抑。老宅即将消失的影像，在光的向度里被快速填平、隐入暗处，等待暮黑的降临。

老宅依旧矗立在大自然的喧嚣中，如同一株苍老的大树，已近暮年之躯，被无情地冷落。稀薄的光线洒在它的线脚上和躯干上以及头顶上，披上一件透明的衣袍，终焐不暖它冰冷的身体。兹比格涅夫·赫贝特笔下的拉斯科，被亨利·布勒乌尔誉为艺术的凡尔赛，那些奥瑞纳文化晚期的壁画，它们艳丽的色彩，完全可以和文艺复兴时期的任何一幅壁画相媲美，这些山洞壁画已然创造了历史的奇迹。而败落的老宅留藏于记忆的存储器中，它的残破，疼痛的不仅是这片文化背景深厚的地域，更是我们民族的历史。即便它的根深扎这块土地，在这淡光薄影之下，它体内的鲜活，又能承载多少凄苦与悲凉！

缩影：沉浮于岛屿之上

一

每一座建筑的落成及存在，都是有历史原因的。哈尔滨火车站，在那个特定的历史条件下，固然会彰显出独特的个性和成因。它如同偌大宇宙中，蜷缩着的小小角落，在风雨飘摇中，缔造出完美的生命组合。

位于南岗区铁路街一号的火车站，总面积达一千六百一十九点七八平方米，整座建筑以沉重的灰色为主色调，无其他鲜艳色彩做辅饰。由此我们不难想象，连建筑体色彩的运用，都与俄国人的生活习性息息相关，足见沙俄的良苦用心。我的潜意识当中，俄国人喜欢在暗色调的光线下生活。如同居住暗处的生物体，即使在强烈光线的照耀下，都会将自己的躯体包裹起来，当然包括内在的思维。而哈尔滨火车站的暗色调，在某种程度上正体现出俄国人的生活方式内在的思想体系。

一九〇二年，哈尔滨火车站正式运营。刚刚落成的大建筑体，外形简洁大方，自然和谐。由红军街、铁路街、松花江街及颐园街环绕而成半圆形广场。它和南岗区制高点上的广场遥相呼应，与圣·尼古拉教堂分别矗立红军街的两端。倘若说红军街是一条对称轴的话，那么哈尔滨火车站与圣·尼古拉教堂，便是相互对称的两点。这两座独具风姿的大建筑体，宛若建筑学与几何学交织而成的生命，于历史的风云中迸发出诗性的光辉。

当代著名作家祝勇在《故宫记》中指出："每一座宫殿，都是时间叠加的结果，曾经的历史云烟、风云际会，都会同时展现在人们面前。"于是我们敢于断定，每一座建筑体都是生命的优质组合。它们在时间的交叠中，更在风云的变幻中，不断地呈现出完美的发展态势。

据有关资料记载，哈尔滨火车站的整套设计方案是在俄国完成的。当时的沙俄为增强对华侵略的野心，以及炫耀的资本，在修筑中东铁路的同时，不断进行城市建设，建筑体多以俄国盛行的新艺术风格为主。哈尔滨火车站，作为中东铁路的重要枢纽，自然逃不过沙俄的掌控。

穿过历史的每一处点位，目光抚摸之处，我看到整个建筑体于时空的转换中，流淌出强大的气场。通体上下生动活泼、自然流畅。自然的线条与建筑体制造的曲线相互交映、参差错落。中厅高达九米，宽广阔达，富于节奏感。门厅上半圆形的窗子，上附铸铁式线条，与两端平行站立的圆柱体交替盘旋、跳跃起伏，构建成一幅幅灵动唯美的画面。

窗子上附有半圆形曲线雕饰，凹凸不平，温婉低回。外形酷似古希腊传统建筑之风，简朴大气，又不失典雅。建筑体的最上端，一口钟镶嵌在雕饰体的中间位置，宛如一枚明亮的灯盏，承载着历史与现实的界位点。穿越时光的粒子，那些陈旧的影像所折射出来的场景，震撼着每一个颤动的灵魂。

建筑体的立面，分为主入口与两个次要入口。主入口两侧并立平行的柱墩粗壮高大，富有多立克柱式的特点，极具男性阳刚之气。柱墩的底部，罗列双层线脚，错落起伏、张弛有度。两扇大门的正上方，依旧镶有半圆形窗子，饰以铸铁式窗栏，外形丰腴、饱满热情。一些夸大弧度的曲线环环相绕、灵动起伏。厚重的墙面与流畅的曲线形成和谐的统一，使建筑整体极尽优雅之势，拓染出极具个性的空间存在。

二

二〇一五年八月二十四日，穿过如流的人群，我再次矗立于火车站的钟楼下。这次的近距离接触，给了我空前的亲近感与使命感。这座对我来说并不陌生的建筑体，是哈尔滨岛屿上安居百年的城堡，在每一个特定的历史时段，绽放出狂野的壮美。

正是这座生命体的存在，让我有机会遇到了解其历史的人。今年七十六岁的周维老人，是哈尔滨火车站的老员工，居住在红军街一带，可谓地地道道的老哈尔滨人。他不仅对火车有感情，对这岿然不动的老建筑，更是情有独钟。

当年的哈尔滨火车站简单便捷，只有几座房舍，但分工明确，各尽其责。火车站正对面的广场，是几条街道的交会点。每当夏季来临，广场好像庞大的花园，鲜花盛开、争奇斗艳，郁郁葱葱的树木，犹如风中舞动的绿绒毯，构成大小不一的庇荫处，为来往行人提供方便。

几十年前，乘车外出的人并不多，他们匆匆地来了又去，为哈尔滨留下匆忙的身影，或是淡淡的气息。唯独在这里工作的人们，对每一个到来或是离别的身影，都怀有深深的念想，宛若藏匿风雨中的热情，即便单薄，因着时光的沉淀，将绽放出灼热的光芒。

周维老人对于火车站，以及途经此处的人，便藏有这样的感情。

一九〇三年的哈尔滨火车站

哈尔滨停车场

哈尔滨火车站

民国时的哈尔滨火车站

火车站每一天所发生的故事，如同生命的碎片顽强地生长着，再不断地拼接、组合，随时随地都会以影像的形式呈现出来。

老人回忆说，当年他父亲是同发小一同闯关东来东北的。正巧遇上修筑中东铁路，沙俄扩招工人。为养家糊口，两人同时应征，与他们同时被征用的还有河北、山东等地的农民。他们吃住工棚，席地而息。地面上只铺一层单薄的被褥，夏季蚊虫叮咬，冬季寒风刺骨，受尽沙俄包工头的剥削与压迫，用生命为中东铁路的建成做出巨大的贡献，而历史竟从未留下他们的点滴。

此刻的老人面部表情变得僵硬起来，目光似乎在沉思中寻找宽慰，一种无法弥补的缺憾。他石化般的神情，把历史与现实隔离成尖锐的冰冷，瞬间冻结住周围流动的空气。

我看到那些沉重的思想，宛如游离的历史片断，被收藏在这座建筑的每个角落，不断蔓延成夸张的影像，并定格在某一时段的思维体系中。

三

时间作为历史与现实的证人，通过岁月的维度不断弥补所有的缺失。它如同人类生命成长的里程上，每一点位处所折射的影像，编织成理性的叠加，触动着每一个怀有悟想的心灵。

一八九八年六月，当历史的指针在这一时点上定格，哈尔滨这片极具地域特色的土地，随之发生翻天覆地的变化。当时的哈尔滨，由香坊区的田家烧锅作为建城起点，大面积拓展开来，逐渐遍布埠头区、秦家岗等地。埠头区与秦家岗的交界处，自然被沙俄列为建造的范围。

由秦家岗的制高点处，圣·尼古拉教堂所在位置，沿下坡度近一公里的距离，便可抵达两区交界处。这一地域丛林密布，绿荫蔽日。

虽处低凹处，却宽阔平坦。倘若说制高点是岛屿的顶部，那么埠头区与秦家岗的交界处，便是其稳固的脚板，是联系南北往来的必经之地。

据有关资料显示，哈尔滨地名由来已久。早在两百多年前便已经存在，只不过是小小渔村的组合。它们如同宇宙的碎片，零星分布于哈尔滨这块版图上。有学者称之为晒网场、哈儿宾、哈尔芬等等。无论音转，还是近音的延续，语言环境与地域特色，犹如历史节奏的所在深度，均是促使哈尔滨形成的主要因素。

满语作为独特的语种，对促进哈尔滨的形成，起到不可替代的作用。

当时的哈尔滨俯瞰下去，两端稍低，中间部分凸起，似扁状物伏在青山碧水之间。而扁状物的满语方言即为哈尔滨，标准用语为哈勒费延。两种称谓仿佛一根垂直的火焰，递延出不同程度的炽热，其表达方式各异，但实质相同。更为巧合的是，哈尔滨的外形更似岛屿状，静卧波涛汹涌的松花江之滨。至此满族人称之为扁状的岛屿，也就是所谓的哈勒费延岛。转译为汉语即是哈尔滨屯。久而久之，省略“屯”字，即为现今的“哈尔滨”。

由此看来，作为岛屿顶部的秦家岗，它的发展变化必将牵动整座城市的脉搏。每一处思维的跃动，都将掀起血管里的温度，点燃奔放的激情。总之，无论对哈尔滨地名的争议程度如何，历史终究向着既定的方向发展，并不时迸发出绚丽的篇章。

一八九九年十月，在今天的哈尔滨行李房处，临时构筑起一座小房舍，仅供铁路员工休息之用，这便是哈尔滨火车站的雏形。它作为空间存在，为哈尔滨火车站的形成，提供一定的历史性与地域性。而老站舍始建于一九〇二年，以秦家岗为名，一站台候车室的楼上刻有“秦家岗”三个字，主楼上未设有大钟。哈尔滨火车站作为两片区域的纽带，如同两条直线上的连接点，起到承前启后的作用。

车站广场的正前方，一条沟渠横亘其中，使火车站看上去凌乱不堪。但作为中东铁路修建之初的新式建筑，它的落成对促进哈尔滨的进步与发展，仍然起到积极的作用。

一九〇三年七月，秦家岗正式更名为哈尔滨站，在主楼顶端雕饰体的中间镶上大钟。大钟的正下方附以俄文哈尔滨字样，汉字则被挤到两侧窄小的凹槽里。犹如精雕细琢的生命体，被植入逼仄的渠道，于风雨动荡中，承受着命运的颠沛流离。

四

法国科学哲学家加斯东·巴什拉曾在作品中指出："艺术是生活的叠加，是各种惊奇的争奇斗艳，这些惊奇刺激着我们的意识并防止它倦怠。"他深邃的思想力透纸背，折射出闪耀的光芒。犹如幻象的结子循环往复，只有对生活深入挖掘，才能超越困囿之域，编织出梦想的光环。

哈尔滨火车站作为新艺术风格建筑之一，既有其灵动性，又有其固守性。但无论如何，它终归是人类汗水与智慧的结晶。它的存在彰显着人类的奉献精神，更推动历史的进程。

透过灰白的光线，老站舍以独特的风姿映入眼帘。它被岁月清洗过的影像是如此淡雅，淡雅得仿佛洒在田野上的春光。既没有灼热的温度，更没有焦虑的思考，有的只是历史的独白。门楣上那几个醒目的俄文，看上去尤为沉重。它宛如裸露的锋芒，流淌出岁月的沧桑，成为那段历史的真实见证。

整座建筑体看上去坚实厚重，完全被灰色调所覆盖，透着庄严的神秘感。正门对应的广场上树木稀疏，鲜有行人，足见客流量之少。广场上圆形的花圃，穿透稀薄的空气，流露着浓郁的生活气息。

当目光与历史触碰的瞬间，我仿佛感受到建筑体强烈的呼吸。一砖一石在建筑者的手中旋转着，形成独特的风景。我们不难看出，在当时的历史环境下，那些建筑者，或是逃难来东北，或是远离故土的俄国侨民。他们肩负着全家人生存的使命，将自己对生活的渴望与思乡之情，融入这些冰冷的砖石中，每一处堆砌都是生活的交叠，更是岁月的累积和思维的跃动。

一九五九年，美轮美奂的老站舍被拆除，那些智慧的凝结也一同被摧毁，深埋历史的风雨中。我对老站舍的印象，也仅仅停留在三十年代初的老照片上。那抹浓灰的暗影以及淡雅的白，完完全全地定格心底，化作历史的断片永久珍藏。

改建后的哈尔滨火车站，依稀留有老站舍的影子。但整体面积扩大，融入更多的现代化元素，彰显出粗犷豪放的风姿。

五

每一座建筑的躯体，都有一定的空间性及历史性。它们体内流动着鲜活的血液，生命与人类相偎相依。于某一时段上，运用自己体内的积累，缔造出历史性的转折。

一九〇九年十月二十六日九点三十分，在火车站一站台上，发生一件轰动世界的大事件，即韩国义士安重根击毙日本内阁总理大臣伊藤博文。当时的场景如同电光火影，随着电报的嘀嗒声响，瞬间震惊整个世界。

时间追溯到一百零六年前的那个清晨，天空预示出什么，布满阴霾。一列南来的专列，好似贯穿南北的纽带，正缓慢地驶进哈尔滨站。待列车停稳之际，沙俄财政大臣可可夫切夫快步登上列车，停留达二十分钟之久，接着陪同一位矮小的、留有胡须的老头走出车厢，这个矮小的老头就是前日本首相、枢密院议长、前韩国统监伊藤博文。

伊藤博文此次赴哈尔滨，对外声称纯属个人旅游行为，实则密会可可夫切夫，进一步商谈吞并朝鲜、划分日俄在中国东北的势力范围等事宜。当时的中韩两国，仿佛与空气隔离的生命体，同居弱者之境，局势不容乐观。而当可可夫切夫正陪同伊藤博文走在站台上，检阅俄国及日本民众的欢迎队伍之际，满面春风、昂首微笑的伊藤博文未能料到，就在离他十步远的距离，一颗满怀仇恨的子弹已经推入枪膛。

经过多日筹划，韩国义兵右军将领安重根，将同行的禹淳德和曹道先留在长春，自己孤身一人返回哈尔滨寻机举事。就在十月二十六日这个早晨，安重根身穿西服，头戴鸭舌帽，利用俄军分辨不清韩国和日本民众外貌的机会，混入日本人的欢迎队伍。当伊藤博文走近日本民众的队伍前，与之互动握手之际，安重根冲出来，站在这个特定的历史点位上，距伊藤博文五步远的距离举枪射击，连射七发子弹，其中三发命中伊藤博文，另外四发打中与其随行的人员。上午十点左右，伊藤博文绝命身亡。

这一时刻如同笔直线段上抛出的弧形，又如同安静的时光中荡起的波动，透过风云多变的时局，在动与静的对立中，让我们阅读到历史的风景。

在射中伊藤博文后，安重根坦然淡定，未急于逃离现场，而是用俄语高呼三声朝鲜万岁，抛掉手枪从容被捕。就在被捕之际，他居然问了一句："射中伊藤博文了吗？"在经历国被奴役、断指同盟以及多次举事失败的情形下，安重根仍能淡定自若、不卑不亢，这又是何等的气概！

安重根被押解到日本驻哈尔滨领事馆的地下室里，经过连续审讯六次之后，被送往旅顺监狱。直至一九一〇年三月二十六日，被日本官方秘密绞毙，时年三十一岁。安重根一生呼吁和平，主张独立韩国。在狱中他写下二百多幅汉字书法，赠予狱中监守，写出自传《安应七历史》。

二○一四年一月十九日，安重根义士纪念馆，在哈尔滨火车站正式对外开放。

六

历史的进步，终会凝结成精神存在。倘若思想能够在广阔的空间生活，那么精神必将深层次地展开，且屹于千秋，名垂青史。它如同浩瀚宇宙中的呼吸，在历史与现实的幻象中，洗涤我们的心灵，触动我们的感知。

二○一五年八月二十九日下午，雨后的天空呈现出金色的光源，继而蔓延开来，喷吐出火热的情感。当思维于理性的空间游走，一些过往的影像蜂拥而来，升腾成一种悟想的递延。哈尔滨火车站矗立于交叠的光影中，再一次增强我视觉体系的深度。

此刻的安重根义士纪念馆，披着一抹橙黄的光环，冲破熙熙攘攘的气流，投入到我找寻的目光中。一些游离的光线，在空间向度中参差错落，打乱我想象的思维。我看到书本中那些泛黄的文字跳将出来，在光与影的折射下，不断激发我视野的扩张。

纪念馆的外形，还原了一百多年前火车站的原貌。通体的橙黄色，配以绛框的窗子，看上去简洁大方，不失典雅。窗子仿佛掩藏住光线的涉入，每一扇都失去原初的透明度，流露出黯然的神情。

“安重根义士纪念馆”八个绿色大字，悬于入口的门楣处，显得特别抢眼。文字最上方的大钟，定格在九点三十分。仿佛历史在那一刻凝固，凝固成雕塑的模样。

入口的左侧墙体上，附以安重根八幅字幅，完全经过修饰处理的仿品，悬挂在墙壁上。字幅与字幅之间，隔着齐整的犹如沟渠状的切割。一部分经过岁月打磨的光线，在沟渠中叠加折射，环绕低凹处，给人以感官上的刺激。最令人震撼的是，每幅字幅的落款处都清晰地印着一只断指的手掌。那清晰的掌纹，越过空气中薄弱的色彩，给人以深深的震撼与启迪。

右侧是安重根半身雕像，铸铁结构，立于底座之上。他坚毅的眼神，穿越百年风雨与现实对接，依然流露出果敢与坚持。犹如一种精神的存在，通过雕塑体散发出来，演绎成情感的表达。

整座纪念馆占地面积一百多平方米，系原来一间候车室改造而成。中间以薄墙壁隔开，割裂出两个独立的小空间。左边部分多是对安重根自身及家人的介绍，其中也包括对伊藤博文的简单介绍。右边部分的左侧墙壁上，附以七幅安重根的字幅，与入口处大小相近，只是方位不同而已。右侧墙壁上，对他举事的时间与过程以及被捕后狱中情况予以概述。

在两个小空间的最前端，登上几级台阶，正面一幅落地窗被栏杆隔开。透过落地窗子，一行绿色字体穿越视网膜，定格成独立的影像。“安重根击毙伊藤博文事件发生地”，几个大字犹如浪潮过后散落的光源，顷刻间点燃我幻象的思维。我似乎听到一百零六年前那七声连续的枪响，盘旋在历史的上空，折射出震荡人心的场景。

七

建筑是历史的浓缩物，人类是历史的活化石。

为研究哈尔滨火车站的历史，我多次往返于家与火车站之间，结识唐炎栋老人，纯属这两点一线之间的意外。唐炎栋老人今年七十岁，家住颐园街的高层。按老人的话说，每天下楼转个弯，或是买菜的工夫就能到火车站。

老人是火车上的质检员，工作不算辛苦，但必须得认真谨慎。当年的火车站经过后期多次改修、扩建，成为现在的模样。每天输送大批旅客，为哈尔滨这座新兴城市的发展，提供一定的可能性。

老人年轻的时候对俄国人没有好感，尤其是俄国女人。在他的印象中，那些穿着时尚、露着长腿的俄国女人，各个都怀着鬼胎。不知什么时候，就会暴露出自己的野心，陷害中国人。更何况抗日英雄李兆麟将军，就是被一个俄国混血女人出卖的，可惜他三十六岁的好年纪。

提起这些旧事，老人的语速加快，呼吸也变得急促起来。仿佛深藏体内多年的愤然之情，突然找到适宜的突破口，于瞬间汹涌而出，占据整个思维空间。这种场景也让我看到老人的忧思，以及一腔火热的情怀。

唐炎栋老人身体不算太好，在外面待久了，便要活动一下筋骨，以免疲乏。他在自己的沉思中，踱步而回，将一缕思绪抛在时光之后。看着老人远去的背影缓慢而沉重，他身后的影像通过阳光的映照，流露出怅然之情。在我看来，无论老人对历史的理解程度如何，他忧思的背后已经呈现出理性的表达，成为不可估量的生活积累。

法国科学哲学家加斯东·巴什拉在他的《空间的诗学》一书中指出："一切形象都有长大的命运。"透过文字的原初性，我深切地体会到，无论是唐炎栋老人，还是历史性老建筑，他们都是有机生命体的存在，他们的成长与历史的发展有着必然的联系，更是成就历史广阔性的根源所在。

在历史与现实的界位点处行走，每一次经历都似一次冒险的穿越，而这穿越的背后，竟是无限的遐思与悟想。相信历史永远不会受缚空间之下，它将凝固成存在的真实，终会导向未来。

哈尔滨火车站，作为建城之初的老建筑体，在经历百年风雨，经过几次修整以后，依然以个体的空间姿态，源源不断地输出能量，以供这座岛屿城市的需求。无论曾经与现在，都发生或将要发生什么，它体内每一粒因子的成长既不是目标，亦不是终点，它们终将凝聚成一个集合，构建成庞大的体系，在时空交替中，激荡起空间存在的运行态势，迎接一次又一次完美的裂变，递延出一段又一段鲜活的历史。

远古的召唤

一

午后的阳光，穿越熙攘的人群，将黑龙江省博物馆割裂成形状不等的断片。这些断片狭长与短窄，呈不规则排列，从而形成不甚均等的块状布局，散落在这片人员稠密的区域上，给人造成错乱的感觉。

黑龙江省博物馆，地处哈尔滨市南岗区红军街五十号，由三栋楼房组建而成，地下一层，地上两层，建筑整体面积约一点四万平方米。其前身为莫斯科商场，主楼始建于一九〇六年，建筑面积约一万平方米，属于典型的欧洲巴洛克风格，现已被列为哈尔滨市I类保护建筑。由外观上看，博物馆米黄色的墙面，暗红色的穹顶，以及欧洲巴洛克建筑的自由奔放与超强动感，通体上下无不流露出灵动与洒脱。

据史料记载，一九二二年初，沙俄中东铁路局的俄国学者组成研讨小组，倡议在哈尔滨建立博物馆，以作为“满洲”文化的研究中心。后经中国地方当局批准，于九月二十二日成立“满洲”文化研究会。经过大量的后期准备工作，在一九二三年六月十二日，博物馆正式建立。

黑龙江省博物馆是继圣·尼古拉教堂之后，在南岗区建立起来的又一新兴建筑。它犹如来自历史的远古回音，肩负人类的重任与使命，在现实社会扮演着全新的角色。当时参展的有公私商行、工厂、机关团体等两百多家单位，展品达五千多种，数量约万件，展出期为四十三天，深受当地百姓所青睐。

时光切割着历史，仿佛隐没镜框里的陈旧积累，透过漫漶的水流，形成悠长的思维空间。它们携着岁月的痕迹，悬挂于后现代的墙壁上，在人类的抚摸与敲打下，发出暗哑的呼喊。

二〇一五年九月四日下午，我来到黑龙江省博物馆，这座浸透历史与文化的藏馆，在午后阳光的映照下，绽放出金色的光芒。它宛若一枚巨大的隐喻，将远古与现代连接起来，将历史的体温，嵌入现代的布景中，永不疲倦地辗转在真实的镜头里。

博物馆斜对面便是圣·尼古拉教堂遗址，有着“东方莫斯科”的象征意义，成为深埋历史的珍奇典藏。穿越时光的水流，我好像看到从大教堂做完弥撒的人们，他们穿过街道来到莫斯科商场，休闲或购物，尽享地域文化的风采。

我又好似看到穿梭于这里的身影，由这条入口进去，再辗转到另一条入口。他们在相互独立的入口处流连忘返，幻化成建筑体红黄相间的一部分，在流动的光影中，呈现出唯美的景观。

由于光感效应的作用，整座建筑体的影像由高远处落下，铺展出硕大的阴影，并间或有分散式的块状割裂，一并涌来，不断地冲撞我的意识领域。那些陈旧的景象顽固地嵌入其中，在阴暗中行走，恰似血液在脉管中流动。

二

古老的生命体，通常都会呈现出沉着冷静的状态。即便在风雨中丧失掉原有的重心，或被沦为苍老的躯壳，但体内所蕴藏的累积，依然保存着鲜活的因子，在现代化的胶片里，显现出完美的影像。

位于哈尔滨火车站正南方向的博物馆两面临街，并与圣·尼古拉教堂遥相呼应。红黄相间的暖色调风格，在这个九月的午后，折射出尖锐的光芒，于熙攘的人流中，形成庞大的辐射区域。

整座建筑体被分为多个独立的空间，每个空间都设有单独的出入口。它们在相互独立的基础上，即背离又依附，辗转历史的洪流中，形成片状的建筑群体。它宛若一枚偌大的容器，被锋利的光刀割裂成多片区间，在风云变幻的岁月里，影映出甚是完美的结构组合。

建筑体的女儿墙在设计上，尽显欧洲巴洛克风格的精妙之处。每一处线条的细部处理都舒展大方、回旋灵动。仿佛波动的光线，穿透设计师的笔端，行走自然之上，使得直线与弧线错综复杂，散而不乱，在整体上构建成巨大的空间向度，极具视觉冲击力。

无论直线，还是弧线，都分划出窄小的凹槽。直线呈平行分布，且在每个平行面上阵列出对称布局；弧线则形成扇状，镶嵌在拱形门或窗上。它们如同锋利的刀刃，在岁月的光影下，切割成的自然曲率，跳跃出耀眼的光芒。

建筑体的顶部设计尤其独特。偌大的穹顶呈现出温暖的暗红色调，面与面棱角分明，勾勒出建筑的整体思维走向。这个穹顶并非普通的葱头状，而是展现出边角状布局，分别是三个长方形底穹顶和两个正方形底穹顶，在此基础上，分布着大小均等的平行线状体。

无数的平行线状体区域，在午后光线的映射下，流露出温婉大

松花江铁桥

气的态势，依附整个穹顶之上，构建成唯美的光感效果图。从整体布局上可以断定，当年的设计工作可谓是面面俱到、独具匠心的。

博物馆正门处设有两座石狮子，它们相对而居，无形中生成强大的气场效应。据呼兰县史志记载，黑龙江省博物馆门前的两座石狮，原为呼兰县关帝庙门前的石刻雕塑，二十世纪五十年代中期，被移送到黑龙江省博物馆，一直沿用至今。

石狮子底座高达六十厘米，狮体高达一百七十厘米，宽达八十厘米。外形精致，形态威武，凸显我国北方雕刻艺术的精湛之处。居于右侧的是头母狮，怀中抱有一头小石狮。左侧则是头公狮，右前爪下踏着一枚石球。两座石狮沐浴流动的光线中，宛如远古的生命体，散发出生机与活力。

建筑体的窗子一律铁网维护，窗框呈现暖红色，衬托在白色的窗边中，外附米黄色墙面，仿佛自然界中一点红润，流淌出古朴的味道。又仿佛回流光线的目光，呈现出闪耀的画面。

奥古斯特·罗丹曾经说过，每一座建筑体都是有生命的，窗子是它看世界的眼睛，泥浆则是它体内流动的血液。而这座建筑体的窗子，作为生命体的器官组织，它们也如同眼眸，透过表象观察并体会这个世界。精巧与细腻的处理，在这座建筑体中起到至关重要的作用。

三

博物馆一楼设有咨询处，设有书籍和售卖仿古生物的区域。两片区域被人为地隔离开来，分为大小不同的两部分。书籍柜面稍宽敞些，位于入口的不远处。出售仿古生物的区域则是一小门面，在庞大空间的挤压下，显得狭窄得很。

虽然微若尘埃，却星罗棋布般被塞得满满的。仿古生物一应俱全，更有一些古代民族的刺绣，悬挂门楣或墙壁处，整个空间犹如一个微缩的古代世界，以袖珍般的体态呈现在世人面前。

“请问这幅刺绣怎么卖？”一幅靺鞨族刺绣，在拥挤的光线中映入我的眼帘。“六百八十元。”经营门面的老人，一边整理货品，一边回答我的问话。他目光中透着温润，却深邃低沉。

“喜欢这幅刺绣吗？”老人又问，语调中带有一定的试探性。“是的，知道这个古代民族。”我如实回答，言语中并无半点虚假的成分。“是呀？许多人都不知道的。”老人一下子来了精神，声音提高八度。

老人说，许多人都不清楚靺鞨的来历，更不清楚他是满族的先祖。上至商周时的肃慎，下至现今的满族，都有着鲜活的历史和动人的传说。他们居于白山黑水之间，以渔牧为生，世代繁衍。直至后来靺鞨衍化为女真族，系满族的直系祖先。以及它坎坷的发展史，都是一段段美不胜收的佳话。

在滔滔不绝的话语中，老人的目光中流淌出兴奋的情感。好似他已置身靺鞨族当中，成为其中的一分子，在历史与时光中穿梭，以形象般的感知，为梦幻中的世界攫取一抹浪漫的情调。

借助特殊光形的作用，我似乎看到靺鞨族的鼎盛时期，百姓过着安居乐业的生活。首领大祚荣及辖区渤海国的兴盛发达，历经两百多年的历史，成为黑龙江地区经济、政治和文化发展的重要阶段。

跨越历史的洪流，所有的一切都成为生命的一部分，并伴有低深的回响，旋转时空的维度中，构建成强大的气场，不时地冲撞着每一个探求的灵魂。

“展厅里有许多古代藏品，那可是货真价实的呀！”老人厚道的话语，大概在告诉我多了解些古代的历史与人文，这才是民族的精髓所在。

每一粒光源的存在，都不会是终极目标，更不是平价的原子，而是等待我们去探索和发现的庞大世界。或许它们有强大的能量储存，被深埋光明与黑暗的交界处，我们每一次的求索过程，都将是开发与创造的迸发时期，更何况与我们息息相关的民族呢！

四

黑龙江省博物馆是一所集历史文物、自然标本和艺术品为一体的公益性藏馆。通过文字说明、绘图、景观等相结合的处理方式，展示出近四万年的史前文化、渤海文化和金源文化。

文字与图片，甚至大量的图表，在每一个被分解的空间内，闪烁着复杂的光影。规则与不规则错列，整洁与不整洁互相调和，彼此之间形成垂直与平行阵列的统一体。看上去犹如锐利的光刀，为我们界定出内与外的分野，明与暗的差异。

据讲解师介绍说，这座藏馆分为远古人类、早期居民、文明曙光、跨入文明、方国争雄、海东盛国、辽泰州与五国部、金源内地、开元路与水达达路、奴儿干都司及黑龙江将军共十一部分。它们如同被浓缩的历史片断，勾勒出黑龙江地区古代居民的美好生活画卷。

由旧石器时代到新石器时代，以及距今五千年的文明曙光，每一次发展与进步，都是古代人民辛苦与努力的结果。尤其饶河小南山、依兰倭肯哈达、依安乌裕尔河大桥，以及尚志亚布力、鸡西刀背山等遗址，每片石头与砖瓦都写满历史的印迹，每一处时光的割裂，都是领域内的神圣腾跃。

一只可爱的小陶猪，在室内黯淡的灯光下，跳入我的视野。它上翘的嘴巴，尖若锥形，微闭的唇判定不出思维的态势。豆子般的眼睛瞪得圆圆的，直视前方，宛若透过心智的影像，穿越无限的想象空间。

凸起的脊背罩在光影深处，半明半暗的躯体分导出两片不同的

黑龙江夕照

区域。明处区域在光线作用下，折射出凹凸不平的起伏，如同连绵的丘陵，将大地划分出不甚均等的画面。暗处区域则锁在幽闭的世界中，每一处神经都被黑暗所指使，迸裂出奇特的幽光。

小陶猪似乎是有生命的，它四足着地，呈赶路状。看似臃肿的体态，在经过切割、凿蚀及无数次碎裂组合之后，构筑成完整的有机体，涌动出奇异的知觉效应，更体现出古人类智慧的丰盈。

玻璃牌上显示，小陶猪出土于宁安市莺歌岭，手捏而成，造型逼真，看上去灵动活泼充满野性。据判断应该是被驯养后的野猪，并由野猪向家猪过渡的时期。

我喜欢这只可爱的小陶猪，它轻巧的体形，刻在我的记忆中。犹如一个个智慧的结晶，蕴藏在它圆鼓鼓的肚皮里，稍有碰触，便会流淌出鲜有的丰腴，连同古人类的探索精神，展露于现代人的目光中，直到跨入文明的门槛。

五

历史在跨越唐、宋、元、明、清之后，人类与社会的进步，昭示着各民族为保卫祖国领土完整，为开发和建设黑龙江做出积极的贡献。

这一时期人类在手工艺和农用工具的发展上，都发生天翻地覆的变化。由海东盛国的筒瓦、方砖，到辽国的白瓷壶和金代的铜坐龙、玉雕凤、玉鱼，还有明代的铜熏炉等，每一段时期的艺术品，都是由粗陋到精进不断成长的过程。

铜坐龙一律由青铜打制，通体上下渗透着灵性。它张大嘴巴，微抬头颅，裸露出锋利的牙齿，彰显出威武的神情；四爪聚拢，脊背弯曲，尾巴翘起，坐在暗黑与寂静的透明容器内，所有的细枝末节在光线的折射下都隐没不见，唯有躯体的幽光与神秘同在。

我绕着它安居的容器走一圈，再回到原来观赏的位置。它体内的幽光映射出一种精神力量，仿佛在等待适宜的时间，创造出某种激荡的迸发，来表达最高的意识形态。

偌大的藏馆，强化我的思考能力。我在它的腹地游走，品味其体内的无数珍奇，让壮丽与幻象并存，将琐碎与完整对峙。墨般的暗黑区域里，偶尔闪过的一道光，如同尖锐的刀锋，割裂满心的纠结。

整座博物馆的藏品，多发掘于齐齐哈尔、呼兰团子山、石人镇、阿城白城、五大连池、大兴安岭以及尚志亚布力一带。包括石器、陶器、铜器、瓷器、兵器、货币、纺织品及书画等。

远古的肃慎人，兴起于物产丰富的东北，而他们的后裔——靺鞨、女真和满族，呈现出强大的发展态势。他们勇敢、进取，建立起自己的国家，推动各地区的经济、文化等方面的发展，直至统一天下。

这些大量出土的艺术品，正彰显出整个民族的发展史。他们犹如强劲的苍鹰，翱翔于广袤的天地间，凭借聪颖的智慧与善于开拓的精神，不断壮大自己的国家。他们所留给后人的不仅仅是财富，更是中华民族悠久的文明史与奋斗精神。

近些年来，由于馆藏管理制度的不断提高，以及藏品的多元化，让人们更多地了解到史前人类的生活，了解到黑龙江地域文化及艺术风格，这对人们的意识思维既起到熏陶，又起到一定的促进作用。

六

在漫长的历史长河中，人类与自然彼此交融，发生着数不清的故事。世界原本由岩石、沙砾、泥土和废墟组成，而早期的生物体，在太阳能的作用下，聚合成大分子的化合物，它们所凝结成的核酸通过自我复制，摄取营养以补充自身的体能。

黑龙江省博物馆内的自然陈列部分，则体现出早期生物的存在。它们犹如地球赐予大地的一颗颗星子，被安放在某个特定的位置，不断地繁衍生息，由分子到生命的蜕变，掩盖住所有静止的物种。

黑龙江省是最早发现恐龙的省份，目前在嘉荫、孙吴、逊克、宾县出土的恐龙化石，专家判断已经有六千五百万年的历史。尤其嘉荫县是发现恐龙最早的地区，一九〇二年“神州第一龙”在这里被出土。

这个在世上生存达一亿六千万年的生物家族，竟奇迹般地在六千五百万年前销声匿迹了。众多科学家提出言论不一的假说，但至今仍是个谜。翻阅历史的书卷，所有的一切并未让我们找到合理的解释。

鸭嘴龙粗壮的骨架在光线的映射下，迸放出尖锐的光芒。其光滑的骨骼仿佛锋利的器具，穿破光线的直射，矗立在幽暗之中，使之看上去并非来源自然，而是人为中的真实。

光线在它高大的躯体上欢快地跳跃，旋转出多变的路径，使人们通过不同角度，都能恰到好处地观赏到化石的存在。它踏入沙土中脚掌的隐没部分，似乎在极力寻找那个被时光掩盖的世界。

穿越时空的隧道，我看到它在沙漠中行走，那没入沙砾的脚趾，踩踏出一个个深坑，如同凿开的足迹，遍布世界的每个角落。正如博尔赫斯所说，每一个都是另一个分叉的出发点。它们漫无目的的行走，足迹所遗留下来的路径，正是生命的分支。

不同的时间和地点，会给人不同的感受。恐龙这种神秘的生物，于人类头脑中如同幻象的存在，在实存与虚幻之间往来变化，却无法呈现清晰的影像。对它的每一次描摹，都将是近乎完美的塑造。

七

博物馆内部修饰已经基本现代化，其巴洛克式的体表风格与体内的现代化构造，形成鲜明的对比。这就说明，总有差异性的存在，在健壮的生命体中成长着，不断攀升为现实的影像。

建筑体内部空间的确充盈得很，鲜有古建筑的影子。光滑的墙体与高屋脊的构建，完全应用到几何体的构建方式。直线的应用，打破常规设计，使每一处布局都显现出细节的集合。

而雕镂艺术的存在，则如同生命体跳动的器官，显得灵活而温暖。虽然现代化设施已经充斥整个室内空间，但这些雕镂艺术却抵消假想的真实，为我们的意识领域输入古建筑的阳刚之美。

正是这种运用与塑造方法，才使得整座建筑体朝气蓬勃、大气典雅。

尹吉有老人曾经说过，他经常在这附近转转，这样的习惯已经保持近五十年的光景。博物馆是个喜人的地界儿，每天直到黄昏，来往行人还络绎不绝，更何况到了夜晚灯火通明的时候，出来散步逛街的人就更多了。

他和朋友们也常常到博物馆里面去逛，挨个入口进，再鱼贯而出，其实就是图个热闹。每次都是挤挤挨挨的，但场内的构造却是古色古香的，给人新奇的感觉。不像现在都是现代化设施，少了古雅的风韵，倒觉得不大舒服，所以就很少再进去。

老人所表露出的失落感，如同失掉生命中最宝贵的东西，牵起内心深处的痛楚，令其久久不语。事实上除了内部构造发生变化外，建筑体的外部也发生极大的改变。现在各个入口处的招牌，都充满现代化气息，新颖别致，体面考究，看上去却缺少些什么，与建筑外体的古朴之风形成强大的反差，破坏掉整体的和谐与庄重感。

但这是时代发展的需要。无论如何变化，只希望它永葆青春活力。博物馆犹如矗立于风雨中的躯壳，将坚强装入心底，以近似本真的状态，行走自然界之中。

八

由现实穿越到远古，再由远古返回到现实。一些表象的发现，宛若透露事实的真理，被依附物象的本身。它如同情感的撞击，在人类与自然中不断壮大起来，于灵感的支配下，创造出感性的艺术。

博物馆是一座微型世界，标注出由远古到现代的迈进过程。每一处展厅都标注着翔实的注解，仿佛历史与现实的临界点，又仿佛由暗黑到光亮的演变过程。

太阳落入西方的地平线，使最后一抹光线陷入漫漶不清之中。馆藏所带给我的思绪，浮动在若隐若现的大脑影像里，与那些神秘同在。它足可以摆脱掉满心的纠缠，和虚无的境界。

空气中流动着活跃的因子，将匆忙的步履淹没暗黑中。那些独立的入口陆续燃起灯光，犹如黑暗中的烛火，舞动出优美的旋律。这些红色的跃动，既点亮傍晚的事物，又渲染博物馆的气氛。

徐纯一笔下的光线与建筑体之间，有着千丝万缕的联系。倘若洒落在平坦光滑的物体表面，会均匀地弹射回空气中，使物体表面披覆上一片闪耀的光辉；如果物体表面粗糙，光线则会向不同的方向逃窜，致使大部分光线无法回流，建筑体也就无法呈现闪亮。

博物馆在傍晚的灯光下，宛如优雅端庄的城堡，舒展的外形，红黄相间的彩带，成为中心广场的耀眼点缀。穹顶所投下的阴影，散落成大片的平面图，拖起绵长的身影。

门票深握手掌中，博物馆却被甩在目光的背后，连同那些艺术的情感，将被锁进记忆的相册中。无数的图像依然在脑海中跃动着，宛若大批的活动分子，从远古跨越到现实当中。

艺术就是情感，古代艺术终将融入现代社会中，带着它们体内遥远的冲动，建构起古今艺术的完美组合。博物馆作为艺术的载体，既承接古人类的夙愿，又推动现代人的梦想。无论经历多少风云，都将呈现出腾跃的态势。

一枚巨大的隐喻

一

教育书店地处中央大街一百二十二号，原为松浦洋行，后改为俄国侨民会馆、外文书店，现为哈尔滨游客服务中心。创建人为日本商人水上俊比左，邀请俄国著名设计师阿·阿·米亚科夫斯基进行设计。始建于一九〇九年，国家I类保护建筑，砖混结构，属于巴洛克建筑风格。

巴洛克源起葡萄牙语，意为凌乱的不规则的形状。而当涉入建筑学领域，其意被广泛使用。这一建筑风格的特点是外形自由、节奏欢快，富有多样化的布局与超强动感，阵列整座建筑体中，并在此基础上追求新奇、大胆创新。

教育书店作为巴洛克建筑的典型代表，矗立在中央大街中段，地处繁华位置。斜前方与马迭尔宾馆遥相呼应，右侧毗邻华梅西餐厅，左侧则靠近建于一九二二年的万国洋行。它宛如一座富丽堂皇的宫殿，以华美的造型、超强的动态效果及复杂烦琐的外观设计，林立于众多欧式建筑中，成为中央大街的标志性建筑。

二十世纪六十年代中央大街

每座建筑体都是一枚巨大的隐喻，是建造者倾听心灵深处的回响及大自然语言的深刻表达。他们造就建筑体的个性、气质及个体生命的存在方式，并在无形当中，成就超乎寻常的艺术价值。

一八九八年六月沙俄着手修筑中东铁路，中央大街还仅是最初的土道，被命名为“中国大街”。晴天里尘土飞扬，阴雨天泥泞不堪。中国劳工就在这样的环境下盖起民房或棚子，作为简单的居所。自一九〇二年开始，街道两旁一座座欧式建筑拔地而起，并在沙俄掌控的区域，各种商铺比比皆是，林林总总，显然这条大街已经失去中国的味道，被完全移民化。

中央大街两旁汇集了巴洛克、折中主义、文艺复兴时期等欧式建筑，间或有各式各样的旅馆、洋行林立其中，使整条大街洋化起来。教育书店是继马迭尔宾馆之后所建的欧式建筑，外形唯美壮观，结构纷繁复杂，它近似怪异的构建方式，恰恰符合巴洛克建筑风格的特点。

建筑体两面临街，主入口设在转角处，且无次要入口。整座建筑集弧线、直线、螺旋状于一身，并在不规则中呈现出规则性的线性表达。主入口两侧设有圆柱，仿佛硕大的手臂支撑起整座建筑的躯体，在时光的转换中，呈现出阳刚之势。

上檐凸出墙体，起伏的弧状线错落其中，形成怪异的表述方式。上方嵌以拱形三联窗子，窗体周围附着弧状线勾勒，并以植物雕塑加以强调，使窗体更富生机与活力。

两座人体雕塑贯通二层和三层之间，灵动的曲线，优美的外观表达，堪称雕塑艺术之精品。其中女雕塑为加里亚契德，男雕塑为亚特拉斯，据说他们是希腊神话中的擎天之神，雕塑由法国著名雕塑家阿·罗曼设计并制作而成。雕塑体的存在，无形当中增添建筑整体的生动与活泼性。

雕塑作为古希腊的创作艺术，特点是质朴、典雅并富于浪漫主义。尤其人体雕塑形象逼真，富有情感，以真实的人体为模板，主要凸显人类的文明发展与创作成就。并且雕塑以年轻人为主，多为裸体呈现，意在彰显全民性的艺术形式。

两座雕塑的头顶处附以椭圆形空间存在，小立柱阵列其中，构成优美的椭圆形布局。并以简洁的凹槽加以强调，增强建筑的立体感。无论从哪个视角观看，雕塑体精湛的艺术表达，都为我们所叹服。

二

时间在空间中游走，正如思想意识所赋予的完美展现，在某个时点上弥漫出整个空间向度以至于一些疼痛的经历顽强地成长起来，幻化为遥不可及的区域意识。

陆敏老人，今年八十三岁，六十三年前由呼兰县嫁到哈尔滨，并成为这座城市的一分子。当年她的夫家家境殷实，在道里区西二道街开了家戏院，地处繁华地带，每天来看戏的人络绎不绝，座无虚席。

戏院的存在，使她公公成为声名远播的人物，在西二道街这一带可谓人尽皆知。整个戏院如同固守生命源头的载体，在北方的严寒里，时刻温暖着每个来过这里的人。

她喜欢看戏，更喜欢闲暇时在中央大街上走走。街道两旁林立着的欧式建筑，是她记忆中最优美的图景。但那时候穷人多，中央大街上常有乞讨的人出现，有中国人，也有外国人。他们三三两两，或独处，或聚居，为了生存，将一身的单薄暴露于冷风中。

老人可怜他们，也常接济他们。那些乞讨的外国人便用生硬的汉语赞扬她：“漂亮的中国太太最善良、最好心了。”她只是笑笑，依旧将脚掌踏过方石，踏入这条大街的最深处。

“文革”期间，她公公因为成分问题被批斗，戏院落入他人之手，家的天空一下子坍塌，再未找到转机的路口。最终她公公因为挨不起批斗而上吊自杀，婆婆一病不起，从此瘫痪在床，一晃就是十八个年头。

声音的震动穿越话筒传递过来，流露出沧桑的味道。老人的话语越过历史的界位点，直抵现实的分子中，在声与光之间，传达出不一样的感性表述。但她的声音依然悦耳，仿佛远古世界的灵性存在，铺陈在现实的图像中。

老人说教育书店她曾进去过，建筑体迎面是一个小巧的门廊，踏过几级台阶，便置身宽敞的内室。正对主入口处是通往二楼的楼梯，楼梯打着完美的折线攀附向上，直抵二楼的踏步处。楼梯两端的栏杆弯曲地存在着，犹如自然界中的植被缠绕铸铁中，构建出唯美的艺术效果。

台阶上刻画出深浅相间的花草纹路，并错落于不同的点与线之间，显露出建筑体古朴大气的风格。室内墙壁上多附有形状各异的浮雕，看上去精致典雅、落落大方。宛如一座座富有灵性的植物体，被镶嵌在大生命体上，既装饰其华美的躯体，又凸显出浮雕艺术的精湛之处。

来教育书店的人有很多，有的人一待就是一整天，把头埋入书的海洋里，尽情汲取知识的营养。现如今随着网络的迅速发展，光顾书店的人已经越来越少，许多人都喜欢在网上看书，现实中的书店也便冷清起来。

老人的声音中流淌着无奈，淡然的语调穿透时空的阻隔，跃入到历史与现实交织存在的地域，透过自然的光景，涌现出情与感的诉说，明与暗的分界。

一个人的情绪尚无确定性，而且没有距离感，所以在一定程度上是很难把握的。那一刻我的情绪便处于极度的游离状态，在预想的空间内，打开一条完整的通道，目的是做到有意识的直接的感性表达。

三

整座建筑体流动着沉静的淡色调，以质朴的装饰营造出典雅的氛围。点与线的结合恰到好处。尤其弧线与曲线的介入，为建筑体增添傲人的气质。它们如同建筑海洋里泛起的浪花，打着漩涡依附建筑的躯体上，以奇异生动的艺术效果，幻化出建筑体华美的光影。

在这个偌大的空间里，任何一座建筑都是灵魂与躯体的结合体，表现出生命体本真的原初性。它穿梭在循环往复的脚步声中，周围的一草一木、一砖一石都闪烁着灵动的光辉。

人体雕塑上方植入科林斯壁柱，柱体粗壮，大气磅礴。犹如赫贝特笔下的男性柱，浑身上下透着阳刚之气，经过岁月的淬炼，演绎出完美的艺术内涵及历史价值。

柱体上方附有涡卷状断折山花，花朵精致、典雅大方，若曼陀罗般缠绕在建筑体上。偶有几缕枝丫穿透栏杆的间隙探出头来，沿着墙体的坡度滑脱下来，流露出自由式的表象存在。

它的整体空间置入空气中，在光线的作用下呈现出凹凸起伏的态势，继而产生大小不同的影像。这些不规则的表达，再构成建筑体较大空间的面积，笼罩部分躯体，构成建筑体阴暗相间的艺术效果。

拱形窗的顶端嵌有精致的户外浮雕，植被状与漩涡状相互交错、相对而居。并以中间部分为对称轴，彼此间形成存在的点位，将对称轴托举而起，构成浮雕奇异的动态效应。

出挑的半圆形花萼阳台，挣脱掉线与面的束缚，悬挂在建筑体的躯体外，仅有小部分与建筑主体相依附。阳台构造精美，通体上下洋溢着灵动的气息。其巧妙的布局与完美的设计，突出地表现了巴洛克建筑风格的不规则性。

由外观上看，整座建筑体共分为五层，而立面则可划分为四个层次。底层呈现灰色调，大面积窗体的存在，增强建筑整体的通透度；二层以简洁的圆额矩形窗加以强调，弯曲优美的线脚穿插其中，展露出翔实的细部处理；巨大的科林斯壁柱贯通三、四层之间，它沉稳的阳刚之气渗入建筑体中，形成强大的气场效应。

三层的窗体每两扇为一组，并饰以丰富的外装饰，灵动的花草植入其中，形成天然的艺术表达。建筑的顶端为阁楼层，孟莎式屋顶以红色调加以覆盖，四周开有老虎窗，红灰色调相互错落，构成鲜明的艺术效果图。

半球形的复合式穹顶，四周显露雕镂体，并附着参差不齐的线条处理。它们阵列整个穹顶之上，形成优美的曲线。这些和谐统一的躯体部件，以纷繁复杂的细节处理，表露出与众不同的景观存在。

四

二〇一六年三月的一个中午，我再次踏上中央大街的方石路，以鞋底的摩擦感受凹凸所带来的震动。每一次踏步的感应，都是历史与现实相互碰撞的结果，是灵魂深处幻象的重现。

建筑对自然来说是和谐共存的，在纯粹的世界中散发出原始的气息。它们通过人类本能的思维驱动重新筑合，构造出人类与自然共同探求的空间可能。

中央大街依旧人头攒动，来来往往。起伏的方石铺满整条大街，携着百年的温度，凝视着大街上匆忙的步履、悠闲的人群、热闹的舞蹈及华美的风景。这些此起彼伏的景象映照出中央大街曾经的历史与沧桑。

一九三一年八月，朱自清先生去欧洲旅游途经哈尔滨，并下榻中央大街旁的北京旅馆。在先生眼里，道里纯粹不是中国味儿，满街满眼的都是俄国人，有悠闲逛街的老人，还有赤脚玩耍的孩童，整条大街热热闹闹，显现出忙里偷闲的光景。

中央大街虽然热闹繁杂，但它所折射出来的景象，连同那些方块石头，已然刻入朱自清先生的文字里，幻化为历史的记忆。它每时每刻的存在，都将是历史对现实的最好诠释。

近些年来，街道两旁进行部分改修，一些建筑体被披上华美的外衣，以中西合璧的方式摆放在世人面前。它们现代化的外观表达，既是对科技发展的促进与推动，也是对人们日益丰腴的思维体系的满足。

欧式建筑群体依旧保持着古朴的风格，以一如既往的姿态凸现出来。或许它们内在的本质已经发生变化，包括建筑体的用途所在，但整个躯体所散发出来的气质与根性表述，却是根深蒂固、永恒不变的。

当脚步踏入教育书店、马迭尔宾馆与华梅西餐厅的中段位置，从时光深处探索历史的足迹，每一波光源的震动，每一缕声音的传递，都将是历史与现实的重合与再生。

教育书店自然古朴的姿态，落落大方的外观表达，依然吸引着来往行人的视线。我想每一个来到中央大街的人，都会与它擦肩而过，或是短暂地驻留。再于光线不同的角度上，投下艳羡的一瞥。

当时间赋予历史一定的结局

北方的春夜依然寒冷，窗棂卷着风声发出有力的呼喊，犹如远古世界的心音，坠落世俗的因子中。它用记忆的触角抚摸我发烫的文字，在寒凉的春夜，给予深刻的启示与冥想。

我读凯尔泰斯·伊姆莱，让他的冷静与深刻在文字间游走，将每一次触动都化作深沉的思考。他的记忆在奥斯维辛中穿行，让思考变成为思考，让精神生存成为真实的生存。

一直以来，我关注历史与现实的空间存在，将所有的沉静穿插于历史的缝隙中。我走进圣·尼古拉教堂、圣·索菲亚教堂、马迭尔宾馆、阿列克谢耶夫教堂等一些老建筑中。我将薄弱的思维注入到历史的分子中，试图探求文学上的指引，或是领悟跨越时空的精神。

将片断性的文字汇聚到一起，企图凸显存在的完整性。但感觉有些力不从心，那些零星的存在，打上时间的烙印，不断被侵蚀。在辗转的影像中，闪烁出苍白的光泽。

这所有的汇聚，只能作为它存在过的证明，矗立于春夜的案头。

当历史与现实发生碰撞，一些有限的理解，构建成空间的向度，把生命的思索植入其中，惶恐中完成期待的求索。

我的表达是片断的，记忆是零散的，这些都是纯粹的存在。即使淹没于寒凉的春夜，隐蔽时光的深处，它依然是我浅薄的经验积累，是度量时间的结果。

生命之于文字是沉重的，更是时光叠加的表述。而文字终将会融入血脉，涉猎每个角落，形成强大的时空维度。最终沿着岁月的踪迹，还原每一段历史的曾经。

这段时间里，在求索与表达的精神领域内穿梭，在追问与被追问中反复思考。当时间赋予历史一定的结局，那所有的痛楚与思考，都是值得的。

感谢著名作家张炜先生的荐语，他的文字是我写作的方向。我的老师散文家高维生先生，在文学的道路上给予精心的指引，使我完成这部书。青年作家盛文强先生的帮助，是我创作中的宝贵财富。感谢一些支持我的老师和朋友，他们是我最大的动力。

刘丽华

二〇一六年四月五日